세상의 모든 답은 우주에 있다

세상의 모든 답은 우주에 있다

사지 하루오 지음
전국과학교사모임 감수
홍성민 옮김

★ 감수글 ★

과학 교사로서 끝나지 않는 수업에 대한 갈증이 있다. 그렇다 보니 꼬리에 꼬리를 물고 의문이 생긴다. 왜 아이들은 과학 공부를 하면서 즐거움을 느끼지 못할까? 알아가는 것에 대한 기쁨을 어떻게 하면 느끼게 할 수 있을까? 살아가면서 중요한 결정을 해야 할 때 어떻게 하면 과학 지식을 활용해서 과학적인 사고를 하게 할까?

사실 21세기를 살아가는 우리는 AI(인공지능)와 함께 살아가는 방법을 생각해본다거나, 시장에서 식재료를 살 때 GMO 식품(유전자조작식품)을 살지 화학비료를 주어서 키운 농작물을 살지 비싸더라도 유기농법으로 농사 지은 식품을 살지를 선택할 때조차 과학을 접한다. 또한 지구온난화의 원인이 되는 이산화탄소를 줄이기 위해 친환경에너지 위주로 에너지를 생산해야 할지 친환경에너지만으로는 지금의 생산 시설과 가정의 전기 소모를 감당할 수 없으니 원자력발전을 같이 해야 할지를 결정하는 것처럼 과학기술과 관련된 결정을 해야 할 때가 많다. 이러한 순간에 우리는 과학 지식에 기반을 둔 합리적인 결정을 해야 할 뿐 아니라 서로의 생각을 나누며 과학기술을 주제로 토론해야 한다.

그러나 과학기술을 주제로 한 토론 문화들은 금세 만들어지는 것이 아니다. 학교 교육 현장은 물론이고 집에서도 친구들과 같이 있는 자리에서도 과학기술과 관련된 얘기를 나누고 토론해야 한다. 그런데 현실은 그렇지 않다. 일상에서 과학과 관련된 대화를 하거나 토론을 하려고 하면 주변 사람들이 너무 진지한 주제라면서 터부시하거나 재미없다고 외면하거나 심지어 이상하게 생각하기도 한다.

과학에 대한 토론은 우리 생활과 동떨어져 있지 않다. 이 책이 그것을 보여주는데, 상담실을 찾아온 학생들이 상담실장과 함께 일상적인 관심이나 고민거리를 우주, 지구, 원자, 분자와 연관지어 의견을 나누는데, 그들의 대화를 듣다 보면 인간이 겪는 문제들 역시 자연의 법칙, 물리 법칙을 따라야 한다는 생각이 든다. 더불어

묘하게 우리에게 위로를 주고 우리 행동에 정당성을 부여한다.

과학자들은 말한다. 과학을 하는 큰 이유 중 하나는 "과학이 나 자신에 대해 또 자연에 대해 답을 주기 때문"이라고. "나는 어디에서 왔고, 앞으로 지구의 미래는 어떻게 될까"와 같은 질문에 대한 답 말이다. 물론 인문학이나 철학도 나 자신과 자연, 우주에 대해 답을 주지만, 과학은 관찰과 실험에 근거한 답을 준다. 과학을 공부하는 주된 이유 중의 하나도 나 자신을 더 잘 알기 위함이다.

이 책에 등장하는 신기루 교수는 학생상담실장으로서 상담실을 찾아오는 학생들을 위로한다. 그런데 그 위로 방식이 여느 상담사와는 다르다. 지금까지 발견된 과학 지식에 근거하여 고민을 해석하고 학생들에게 해결책을 안내해준다. 예를 들어, 여자친구와 싸운 학생에게 상대방을 신뢰하며 적당한 거리를 유지하는 것이 좋다는 조언을 '이 세상 물질을 구성하는 입자인 원자와 분자들도 적당한 거리를 유지하고 있다'는 말로 설득하고 조언한다.

또한 우주의 탄생부터 태양계 생성, 지구의 생성, 지구 생명의 시작, 인류의 등장 등을 이제까지 인류가 알아낸 과학 지식을 동원하여 설명한다. 인류의 진화가 지진으로 인해 촉발되었다는 얘기는 우리 자신을 다시 한 번 돌아보게 만드는 재미있는 설명이다. 과학 지식을 학생들과의 대화 형식으로 풀어가며 이해하기 쉽게 설명하는 것도 이 책의 장점이다. 현장에서 물리학을 오랫동안 가르쳐온 저자의 노하우가 묻어나는 설명들이다.

독자들은 다른 과학책과 달리 빨리 책장을 넘겨가며 이 책을 읽을 것이다. 우리에게 인생, 인간, 자연, 우주의 법칙을 따르라는 신기루 교수님의 말에 귀 기울여보자.

전국과학교사모임

★ 프롤로그 ★

서울의 한 대학. 이곳의 학생상담실장은 인생의 벽에 부딪혀 좌절한 사람도 구제해주기로 유명한 신기루 교수다. 그래서 진로부터 연애, 인간관계, 성적, 정체성 붕괴 등 다양한 고민을 가진 학생들이 상담실을 찾는다. 교수님의 전문 분야인 우주 이야기를 듣기 위해 오기도 하고, 단순히 시간을 때우거나 수업에 들어가기 싫어서, 혹은 대화 상대가 필요해 찾아오기도 한다. 개중에는 '배가 아파서 잠깐 눕고 싶다'며 보건실 대신 찾아오는 학생도 있다.

자주 찾아오는 학생들은 5명 정도다.

최신 우주 소식에 흥미를 갖고 있는, 대학생치고는 조금 유치하지만 붙임성이 좋아서 미워할 수 없는 문학부 1학년 이태양.

'수업은 따분하다'며 상담실에 놀러오는 자유분방한 성격의 국제학부 2학년 강산들.

자존심만큼은 강하지만 사귀는 여자친구에게 휘둘려 싸울 때마다 연애 상담을 위해 찾아오는 법학부 2학년 김우주.

느긋하고 낭만적인 성격으로, 상담실에서 교수가 끓여주는 홍차를 즐겨 마시는 교양학부 3학년 왕별이.

네 살짜리 딸의 질문 공세에 진땀나서 도움을 청하러 오는 사회인 학생 소행성.

상담실을 찾아오는 이유나 목적이 어떻든 간에 교수는 모든 학생을 상냥하게 맞아주고, 온갖 문제를 우주의 생성, 세상의 섭리와 연결해서 알기 쉽게 설명해주기 때문에 듣다 보면 저절로 마음이 가벼워지고, 인생에 대한 고민도 풀려버린다. 그래서 학생상담실은 알 만한 사람은 다 아는 인기 명소다. 조금은 신비롭고 자상한 교수의 인품도 인기의 비밀이다.

오늘도 아침부터 피곤해 보이는 남학생이 눈 밑에 다크서클을 드리운 채 상담실을 찾아왔다.

목차

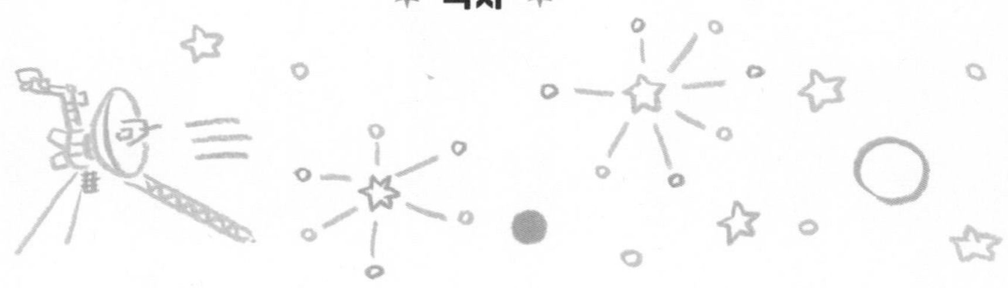

신기루 교수님의 '세상에서 가장 쉬운
우주 이야기'를 들어볼까요?

별이
소행성
이태양

우주는 언제 생겨났을까?

우주의 시작

이태양 “안녕하세요. 교수님, 이 세상은 대체 언제 생겼어요?”

교수님 “어서 와, 태양 학생. 아침부터 질문이 거창하네.”

이태양 “한밤중에 갑자기 그 생각이 떠올랐는데, 그 후로 잠이 오질 않는 거예요.”

이태양은 문학부 1학년이다. 종종 뭔가 크게 마음먹은 듯 상담실을 찾아와서 이런 식으로 막연한 질문을 던진다.

교수님 “안타깝게도 그건 우주 밖에 있는 사람이 아니면 대답할 수 없는 문제야.”

교수의 반응에 이태양이 입을 벌린다.

교수님 “누군가 우주 밖에서 관찰했다면 우주가 언제 어떻게 생겼는지 확실히 증언할 수 있겠지. 병아리가 알을 깨고 나오는 것을 우리 인간은 관찰할 수 있지만 병아리는 자신이 어떻게 태어났는지 모르는 것처럼 말야. 자신의 얼굴을 사실은 자신이 볼 수 없는 것과 같아.”

이태양 “병아리는 알을 깨고 나오기 위해 온 힘을 쏟을 테니 자신이 알 속에서 성장한다, 알 밖으로 나간다 하는 사실을 인지할 수 없겠죠.”

교수님 “그런데, 우주라는 말 자체가 ‘모든 공간과 시간’을 의미해서 ‘모든 것의 밖’이라는 세계는 존재하지 않아.”

이태양 “우주에는 바깥이 없다는 거예요?”

교수님 “그렇지. 만일 자네가 ‘우주 밖’이라는 표현을 써도 거기서 말하는 우주는 전체가 아니라 우주의 일부분에 불과해.”

이태양 “우주 안에 있으면 우주가 언제 생겼는지 절대 알 수 없어요?”

교수님 “실망하긴 일러. 시점을 바꿔서 생각해보세. 지금 여기 있는 우리 인간과 세상의 사물들은 다양한 과거를 차곡차곡 쌓아온 가장 새로운 형태라고 할 수 있어. 그 안에는 많은 과거가 쌓여 있으니 우리 자신을 연구해서 과거는 이랬을 것이다 추측하는 것으로 우주가 언제 생겨났는지를 대충 알 수 있지. 그 연구가 바로 우주물리학이야."

이태양 "그렇게 추측하면, 우주는 언제 생겼어요?"

교수님 "지금으로부터 약 137억 년 전, 우주는 한 알의 빛 알갱이였을 거라는 추측이 있어."

이태양 "그럼 그 이전에는 뭐가 있었죠?"

교수님 "그건 우리가 도달할 수 없는 세계야. 현재까지의 연구로 밝혀진 우주의 법칙*은 137억 년 전에 생겼고 그 법칙 안에서 우리가 생겨난 것이니까, 그 이전의 세계를 알 방법은 없지. 자네가 잠이 오지 않을 정도로 생각하는 것은 어디까지나 지금의 세계를 만들어낸 법칙 아래에서야. 우주가 생기기 전의 법칙을 생각하는 것은 이 세상의 시작이라는 점에서는 무의미한 일이지."

이태양 "그래도 조금은 의미가 있지 않을까요? 만화 《북두의 권》(일본 만화, 핵전쟁으로 멸망한 후의 세계가 배경이다. 국내에는 《북두신권》이라는 제목으로 출간되었다)에 나오는 세기말처럼 뒤죽박죽한 세계가 펼쳐졌다든가……."

교수님 "글쎄."

이태양 "상상의 여지도 없을 만큼 다른 세계란 건가요? 그래도 한 알의 빛 알갱이가 생겨났다는 건 아무것도 없었던 때가 있었다는 의미도 되죠?"

교수님 "그렇게 생각할 수도 있지. 그 설명을 하려면 시간이 걸려. 슬슬 1교시 시작이야. 나머지는 다음에 하세."

이태양은 아직 묻고 싶은 것이 많았지만 마지못해 자리에서 일어났다.

과학 상식 이야기

* **우주의 탄생설 :** 우주의 법칙이 생겨난 시기는 대략 137억 년 전이고, 그 법칙 아래 인류가 생겨났다. 우주의 나이는 137억 년, 지구의 나이는 46억 년이라는 견해가 정설이다. 우주가 탄생한 때를 1월 1일로 환산하면 지구가 태어난 때는 대략 10월 10일쯤에 해당한다. 우주가 어떻게 탄생했는지에 대해서는 여러 이론들이 있지만, 오늘날 대부분의 과학자들이 지지하는 이론은 '빅뱅(big bang)이론'이다. 빅뱅이론이란 대략 137억 년 전, 하나의 점에 불과했던 태초의 우주가 매우 높은 온도와 밀도에서 대폭발을 일으켜 엄청나게 팽창해 현재에 이르렀다는 이론이다.

'아무것도 없다'는 어떤 상태일까?

무(無)의 세계

이태양 "교수님, 나머지 얘기 들으러 왔어요!"

점심시간, 이태양은 요란스럽게 상담실 안으로 들어왔다. 손에는 빵과 우유가 든 비닐봉투가 들려 있었다. 여기서 교수와 점심을 먹을 모양이다.

교수님 "어디까지 얘기했더라?"

이태양 "제발 잊어버리지 좀 마세요! 이 세상이 생기기 전, 아무것도 없는 세계 이야기……."

교수님 "아, 그렇지. 기대하게 만들어서 미안한데, 그 세계에 대해서는 '아무것도 없다'는 말밖에 할 수 없어."

이태양 "너무해요, 아까는 설명하려면 시간이 걸린다고 하셨잖아요."

교수님 "그랬지. 그런데 '아무것도 없다'는 건 어떤 걸까? 무(無)란 어떤 상태를 가리킬까?"

이태양 "소리도 없고, 색깔도 없는…… 무색투명한 세계?"

교수님 "음……, 하지만 그건 '무색투명한 세계가 있다'라는 의미잖아? 무색투명하다는 것을 우리가 인식할 수 있다면 진정한 의미에서 '무'의 상태라고 할 수 없겠지?"

이태양 "잠깐만요! 교수님, 이야기 전개가 이랬다저랬다 이상한 거 아니에요?"

교수님 "아까 내가 '아무것도 없다고밖에 말할 수 없다'고 한 것이 바로 이거야. 지금 자네가 상상조차 할 수 없는, 정확히 말하면 인식조차 할 수 없는 상태가 있었다는 거지. 어렵게 말하면……, 비존재라는 존재."

이태양 "질문이 있는데요, '인식한다'는 것은 원래 뭐예요?"

교수님 "좋은 질문이야. 우리는 오감을 사용해 세계와 접촉해서 '여기에 뭔가 있다'는 것을 알지. 뭔가 옆을 지나는 소리가 난다, 좋은 냄새가 난다 하고 자신을 둘러싼 환경의 변화를 느껴서 사물을 인식하는 거야. 그럼 아무 변화가 없다면 사물을 인식할 수 없다는 가능성도 있겠지."

이태양 "거기에 있다는 것조차 알지 못한다?"

교수님 "그래. 이명(귀울림)처럼 끊임없이 삐- 소리가 울리는 것도 처음에는 불쾌하지만 어느 사이에 익숙해져서 소리가 나는 것조차 잊어버린다거나, 혹은 항상 같은 향수를 뿌리면 본인은 그 향에 익숙해져서 감각이 마비되어 뿌리는 향수의 양이 점점 늘어나 주위 사람을 불쾌하게 하기도 하지."

이태양 "그거 뭔지 알아요! 요전에 누나한테 '향수 냄새가 너무 진하다'고 했다가 욕먹었거든요."

교수님 "인간은 변화를 느끼는 것으로 사물을 인식해."

이태양 "그래서 사람은 툭하면 변화나 자극을 원하는 건가."

교수님 "맞아. 일리 있는 말이야. 동물도 마찬가지야. 뱀이 어떻게 먹이를 찾는지 알아?"

이태양 "그런 거, 당연히 모르죠."

교수님 "뱀이 혀를 날름거리는 것은 혀로 냄새를 지각하고 온도 변화를 느끼기 때문이야. 이쪽으로 날름날름, 저쪽으로 날름날름, 그렇게 해서 사냥감을 찾지. 사냥감이 있으면 혀가 냄새와 온도를 감지해 반사적으로 달려드는 거야."

이태양 "고도의 기술이네요."

교수님 "인간과 뱀을 봐도 알 수 있듯이 동물은 변화하지 않는 것은 인식할 수 없게 되어 있어. 극단적으로 말하면, 변화하지 않는 것은 인식하지 않아도 되는 거지. 왜냐면 변화하지 않는 것을 인식하는 건 동물에겐 이득이 없거든."

이태양 "제가 건망증이 있는 것도 제게 필요하지 않기 때문이군요."

교수님 "글쎄, 그건. 아무튼 우주가 생기기 전의 세계를 우리가 온갖 방법을 써도 인식할 수 없다면 그것이야말로 어떤 의미에서 '아무것도 없는 세계'라고 할 수 있지. 그리고 그 완전한 무의 상태에서 뭔가 희미하게 변화하는 순간이 137억 년 전에 있었다는 것이 관측으로 밝혀진 거야. 그것이 바로……."

이태양 "빅뱅!"

교수님 "나머지는 다음에 하세."

이태양 "에이, 교수님. 뭘 그렇게 자꾸 아껴요."

교수님 "아끼는 게 아니라 점심시간이 끝났어."

이태양 "네? 아직 빵도 안 먹었는데!"

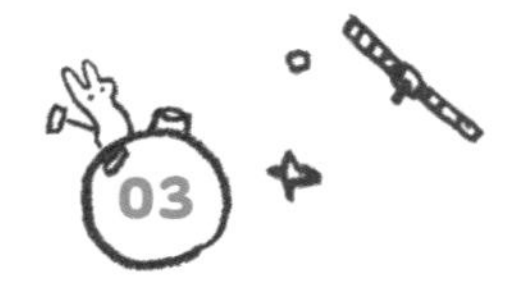

밤은 왜 어두울까?

우주는 유한하다

국제학부 2학년 강산들이 상담실로 들어서며 크게 하품을 하자 교수님이 말했다.

교수님 "오늘은 졸려 보이는데, 또 밤을 새며 논 건가?"

강산들 "맞아요, 시내에서 밤새웠어요. 지금 같아선 12시간은 잘 수 있을 것 같아요. 그런데 결석하면 학점을 못 채우니까 졸음을 참고 온 거예요. 저, 대단하죠?"

교수님 "어떤 의미에선 노력파군."

강산들 "그런데 오늘따라 날씨는 또 왜 이렇게 좋은지 모르겠어요. 화창하지, 졸리지, 간신히 눈을 뜨고 있는 거예요. 그래서 선글라스를 벗을 수 없다니까요. 이럴 때는 차라리 낮이 없으면 좋겠어요. 계속 밤이면 클럽에서 신나게 놀고 집에 가서 늘어지게 잘 수 있는데. 자고 일어나서 리포트도 여유 있게 쓸 수 있고요. 정말 좋겠죠?"

교수님 "나도 밤을 좋아하긴 해. 칠흑 같은 어둠은 우주의 광활함을 실감할 수 있고, 상상력을 자극하거든. 달과 별을 올려다보면 낮 동안 일어났던 일들이 사소하게 여겨지지. 산들 학생이 방금 '계속 밤이면 좋겠다'고 했는데, 그건 바꿔 말하면 계속 어두으면 좋겠다는 거지?"

강산들 "그렇죠. 왜냐면 백야(白夜)도 해가 진 것은 아니니 밤이라는 의미는 아니잖아요?"

교수님 "그런데 왜 밤은 어두울까?"

강산들 "그런 어린애 같은 생각은 해본 적 없어요."

교수님 "밤이 어두운 건 우주가 유한하기 때문이야."

강산들 "네? 우주는 무한하지 않아요?"

교수님 "가령 자네가 깊은 숲속에 들어갔다고 하세. 주위에는 나무들이 있고, 나무와 나무 사이로 먼 곳의 나무들이 보이지. 그 나무들 사이로 더 먼 곳의 나무들도 보여. 울창한 숲이라면 시야가 나무들로 가려져 숲 밖의 경치를 볼 수 없을 거야."

강산들 "그렇죠, 방향감각을 잃어버릴 것 같은 그런 숲은 무서워서 가고 싶지 않아요."

교수님 "혼자라면 무서울 수 있겠지. 그럼 이번에는 나무를 별로 바꿔 생각해보세. 우주가 끝없이 계속된다면 별과 별 사이로 먼 곳의 별이 반짝일 테고, 그 뒤로 더 먼 곳의 별이 반짝여서 하늘 전체가 별로 가득 채워지겠지. 그런 우주 속에 있으면 어떤 광경이 펼쳐질까?"

강산들 "반짝반짝…… 아니, 번쩍번쩍 눈부신 공간?"

교수님 "맞아. 별이 멀리 있을수록 우리에게 도달하는 빛은 약해지지만, 그만큼 많은 별을 볼 수 있지. 그런 별이 있는 하늘이 끝없이 펼쳐지면 하늘은 무한히 밝아질 거야."

강산들 "밤에도 밝아요?"

교수님 "그렇지, 낮보다 밤이 밝을 만큼."

강산들 "에이, 그건 싫은데, 너무 눈부셔서……."

교수님 "그런데 현실의 밤은 어두워. 우주는 무한할 텐데 밤이 어두운 것은 이상하잖아? 이 모순은 우주가 유한하다고 생각하면 해결돼. 따라서 밤이 어두운 것은, 하늘이 끝없이 계속되는 것이 아니라 끝이 있다는 증거라고 할 수 있어.*"

강산들 "그렇구나, 역시 교수님이야!"

교수님 "하늘이 계속 밝은 것도 문제지만, 산들 학생이 바라는 것처럼 계속 어두운 것도 문제야. 낮이 있고 밤이 있기 때문에 우주는 아름다운 거야. 세상은 서로 반대되는 것들로 균형을 이루기 때문에 존재할 수 있는 거야."

과학 상식 이야기

* **올베르스의 역설 :** 독일의 천문학자 하인리히 올베르스(Heinrich Wilhelm Matthäus Olbers, 1785~1840)가 '우주가 끝이 없고 무한한 곳까지 무수한 별들이 흩어져 있다면 밤하늘은 별빛으로 가득 차 대낮처럼 밝아야 한다'고 제기한 의문. 이 제안으로부터 '우주에는 끝이 있다'는 생각이 나오게 되었다.

우주는 무(無)에서 생겨났다?

빅뱅 이야기

이태양 "교수님, 오늘은 빅뱅 이야기 들려주세요!"

교수님 "어서 와, 이태양. 맞다, 지난번에 그 이야기를 하다 말았지?"

이태양 "요전에 집에 가면서 교수님이 해주신 이야기를 떠올렸는데, 빅뱅은 '완전한 무의 상태에서 뭔가가 희미하게 변화하는 순간'이라고 하셨잖아요."

교수님 "그랬지."

이태양 "그런데 모든 사물에는 원인이 있는 것이 세상의 상식이니까 빅뱅에도 어떤 원인이 있지 않을까요?"

교수님 "아주 좋은 질문이야. 하지만 빅뱅은 아무것도 없는 것에서 갑자기 시작됐어."

이태양 "원인이 없다는 거예요? 그럼 물리나 과학 세계에서는 원인이 없는 시작이란 게 있을 수 있다는 건가요?"

교수님 "오늘은 꽤 공격적인 걸. 물리나 과학 세계에도 원인이 있고, 거기서 어떤 결과가 나오는지 생각해봐. 원인에서 결과로 이어지는 인과관계로 사물을 생각하는 것이 기본 중의 기본이야. 그래서 학자들은 무에서 우주가 생겨난다는 것은 있을 수 없다고 고민했지. 그러나 무의 상태에서 시작되었다고밖에 할 수 없는, 움직일 수 없는 증거를 발견했어."

이태양 "그게 뭐예요?"

교수님 "미국의 연구소에서 두 명의 물리학자가 전파를 사용한 통신 연구를 하던 중에 원인을 알 수 없는 의문의 잡음을 발견했어. 요즘 말하는 전파망원경 같은 안테나를 사용해서."

이태양 "잠깐, 전파망원경이 뭐예요?"

교수님 "쉽게 들어보지 못한 말일 거야. 망원경은 멀리 떨어진 물체를 보기 위한 장치로, 우리가 일반적으로 알고 있는 망원경은 빛으로 먼 곳의 물체를 보는 광학망원경이야. 그런데 전파망원경은 전파를 이용하여 별을 보기 때문에 전파망원경이라고 하지. 눈에는 보이지 않지만 우주에 가득 차 있는 전파의 움직임을 관측하지. 전파는 자연적으로 발생한 것과 인공적인 것이 있는데, 텔레비전이나 휴대전화의 전파는 인공 전파야. 전파망원경은 인공 전파의 영향을 가능한 받지 않는 것이 좋기 때문에 비교적 전파 잡음이 적은 산속에 설치하는데, 우리나라는 연세대학교, 울산대학교, 한라산 고지에 각각 직경 21m의 전파망원경을 설치하여 직경 500km 전파망원경과 같은 효과를 낼 수 있는 시스템을 구축하여 사용하고 있지."

이태양 "그걸로 어떻게 전파를 관측해요?"

교수님 "주위에서 커다란 접시 모양의 파라볼라 안테나를 볼 수 있을 거야. 위성방송을 시청할 때 사용하는 안테나지. 전파망원경도 그런 모양인데, 안테나로 우주의 전파를 모아서 관측하는 거야."

이태양 "전파를 보면 무엇을 알 수 있어요?"

교수님 "우주 공간은 도로는 물론 사다리도 레일도 없는 세계야. 그런 곳을 자유롭게 오갈 수 있는 것은 전파뿐이지. 그래서 우리는 전파의 움직임을 파악하는 것으로 우주의 상태를 알 수 있어. 전파망원경을 사용하면 광학망원경으로는 볼 수 없는 곳까지 관측할 수 있지. 전파는, 비유하자면 우주에서 불어오는 바람 같은 거야. 그 바람에 귀를 기울여서 '우주는 이렇게 되어 있지 않을까' 하며 넓은 우주의 상태를 탐색하는 것이 전파천문학의 역할이지."

이태양 "그 전파망원경으로 아까 그 사람들이 의문의 잡음을 발견한 거군요."

교수님 "아니, 그건 망원경이 아니라 단순한 통신 안테나였어. 사실은 그 안테나가 의문의 잡음을 수신한다는 것을 알았지. 그래서 안테나에 이상이 생긴 게 아닐까 점검해보았는데 비둘기가 안테나에 둥지를 틀었더래."

이태양 "비둘기가요?"

교수님 "그래서 비둘기 둥지를 제거하고 똥까지 깨끗이 치웠는데도 이상하게 잡음은 사라지지 않았어. 게다가 하늘을 향해 어느 방향으로 안테나를 움직여도 똑같이 잡음이 들렸지."

이태양 "뭔가 초자연적인 이야기로 흐르는데요."

교수님 "결국, 이 잡음이 우주가 폭발했을 때의 '잔열(우주배경복사: 우주에 남아 있는 빅뱅의 잔열 파장)'이란 것을 확인했는데 그때가 1965년이야. 이후 본격적으로 연구가 진행되었고, 1989년에 미국항공우주국(NASA)이 발사한 위성이 잔열에 아주 약간의 온도 차이가 있는 것을 감지했어. 이것이 무의 상태에서 생겨난 '요동(흔들림)', 즉 지금과 같은 모습의 우주가 생겨나기 위한 씨앗이었던 거야."

이태양 "요동이라면, 흔들거리는 그거요?"

교수님 "맞아, 좀 더 설명하자면, 한 물리량이 그 평균치 주변에서 흔들흔들 변화하는 상태지."

이태양 "잘 모르겠어요. 쉽게 설명해주세요."

교수님 "가령 오늘 기온이 20℃라고 하세. 그러나 그것은 어디까지나 평균치로, 자세히 보면 그 평균치 전후로 온도가 이리저리 변하지."

이태양 "계속 정확히 20℃일 수는 없죠."

교수님 "우주도 작은 요동이 일어난 것으로 어느날 '확' 생겨난 거야. 믿을 수 없겠지만 이렇게 광대한 우주도 137억 년 전에는 작은 빛에 불과했어."

이태양 "그런데 왜 요동이 일어난 거죠?"

교수님 "당연히 그런 생각이 들 거야. 그런데, 그건 제멋대로 흔들렸기 때문이라고밖에 말할 수 없어. 아주 작은 흔들림이 우주의 씨앗을 뿌린 거지."

이태양 "이랬다저랬다 하는 변덕으로 우주가 생겼다니, 왠지 싱거운데요."

교수님 "오늘은 여기까지 하세."

이태양 "벌써 끝이라고요? 교수님도 변덕이 심해요!"

교수님 "하하하, 우리 인간도 흔들리기 때문에 어쩔 수 없어. 사는 건 흔들리는 거야."

태양은 어떻게 생겨났을까?

빅뱅 후의 우주

이태양　“교수님, 안 계세요?”

학생상담실 문을 열고 안을 들여다보면서 이태양이 말했다.

이태양　“ ‘행방불명’이라니, 대체 뭐야 이거…….”

문 앞에 걸린 시계 문자판 모양의 표찰이 ‘행방불명’으로 표시되어 있다. 교수님이 직접 만든 것인데, ‘재실’ ‘부재중’ 외에도 ‘강의’ ‘회의’ ‘물 길러 드라이브’ ‘티타임’ ‘산의 사슴과 대화 중’ ‘우주 어딘가’ ‘NASA 출장’ 등의 항목이 있다.

교수님　“어서 와, 이태양.”

등 뒤에서 나는 소리에 돌아보니 교수가 생글거리며 서 있다.

교수님 "행방불명에서 막 귀환했네."

이태양 "행방불명이라니, 정말 느긋하셔. 이렇게 써놓으면 사람들이 뭐라고 안 해요?"

교수님 "누가 뭐라고 해? 자, 어서 들어가세."

늘 앉는 의자에 앉자마자 이태양이 말을 꺼냈다.

이태양 "요전의 빅뱅 이야기 말인데요. 우주의 시작은 작은 빛이었잖아요?"

교수님 "응, 빅뱅이라고 하기보다는 리틀뱅이라고 해야 할 정도로 아주 작은 빛이지."

이태양 "손바닥에 올릴 수 있을 정도인가요?"

교수님 "손바닥이 뭐야, 검지에 달라붙는 먼지보다 작은 정도야."

이태양 "그렇게 작은 빛이 어떻게 지금의 우주처럼 엄청나게 커졌는지 도저히 상상이 안 돼요."

교수님 "그럴 거야. 빅뱅으로 생긴 우주는 아주 뜨겁고 눈부신 빛 덩어리였어. 그 빛이 퍼지면 온도가 내려가지. 자네, 냉장고의 원리를 아나? 냉장고는 압축된 가스를 단번에 팽창시켜 온도를 떨어뜨리는데, 우주의 시작도 냉장고의 원리와 같은 상태였어."

이태양 "팽창하면 온도가 내려가요?"

교수님 "그래, 빵빵하게 부푼 풍선이 팡 하고 터지는 순간도 풍선의 표면 온도는 차가워지지. 극단적인 경우는, 공기 중의 수분이 차가워져서 물방울이 되어 달리기도 해. 아니면…… 그래, 이번에는 추운 겨울밤, 욕조에 들어가 있을 때를 생각해 봐. 욕실의 수증기가 차가운 유리창이나 거울에 닿으면 어떻게 되지?"

이태양 "물방울이 돼요."

교수님 "맞아. 안개처럼 몽롱하게 보였던 수증기가 유리창에 닿아 물방울이 되는 것처럼 빛도 온도가 떨어지면 물질화하지. 즉, 변신하는 거야."

그때, 노크 소리가 났다.

교수님 "네, 들어오세요."

왕별이 "안녕하세요, 어머, 손님이 계시네."

교수님 "어서 와. 지금 빅뱅 후의 우주 이야기를 하고 있던 참인데, 괜찮으면 같이 들을래? 이쪽은 문학부 1학년 이태양. 이쪽은 교양학부 3학년 왕별이야."

이태양 "안녕하세요."

왕별이 "안녕하세요. 저도 들을래요. 오늘은 머리가 아파서 수업에 안 들어갔어요. 방해 안 되게 조용히 듣기만 할게요."

왕별이는 이태양 옆에 앉았다.

이태양 "어디까지 말씀하셨더라……."

교수님 "온도가 내려가면 수증기가 물방울로 변신한다는 데까지 말했지."

이태양 "아, 맞다. 그럼 빛은 무엇으로 변신해요?"

교수님 "수소로 변신하지. 빅뱅이 일어나고 약 3분 후에는 수소가 만들어져서 10만 년쯤 지난 우주에는 수소 안개가 자욱했어. 수소 원자들은 잠시도 멈추지 않고 움직여서 충돌하거나 멀어지는 것을 반복하지."

이태양 "몸으로 밀어내는 놀이처럼요?"

교수님 "그래. 몸으로 밀어내기를 하는 중에 수소끼리 결합하는 경우도 있을 거야. 여러 개의 수소가 결합하면 수소 경단이 생기지. 수소 경단은 커질수록 떨어지지 못하게 자기 쪽으로 끌어당기는 힘이 강해지기 때문에 주변을 떠도는 수소 원자를 끌어들여서 눈사람처럼 커져.

이태양 "수소 눈사람……."

교수님 "꽉 채워져 무거워질수록 안쪽의 압력이 커져서 온도가 점점 올라가지. 그리고 1,000만℃ 정도까지 뜨거워지면 거대한 수소 눈사람이 별이 되기 시작해."

이태양 "빛이 나요?"

이태양이 소리를 질렀다.

교수님 "그래, 이것이 별의 탄생이야."

가만히 듣고 있던 왕별이의 눈이 반짝였다.

교수님 "그렇게 해서 타고 있는 것이 지금의 태양이야. 정확히 말하면, 핵융합이 일어나는 거지만……."

왕별이 "와, 정말요?"

교수님 "태양은 지금 말한 것과 같은 과정을 거쳐서 50억 년 전에 생겨났어. 현재는 중심 온도 1,600만℃, 표면온도 6,000℃, 무게는 kg으로 말하면 2에 0을 30개 붙인 정도야(2×10^{30}kg)."

이태양 "쉽게 짐작이 안 가지만 아무튼 엄청나네요. 그런데 태양이 어떻게 생겨났는지 생각해본 적도 없기 때문에 그게 수소 경단이었다는 것이 놀라워요."

교수님 "별이 학생도 왔으니 오늘은 이 정도로 하고, 같이 차 한잔 할까? 비장의 레이디그레이(얼그레이의 일종) 홍차가 생겼거든. 케임브리지 대학에 있는 친구가 보내줬어."

이태양 "나 혼자 왔을 때는 차 같은 거 안 주시던데. 교수님은 여학생한테만 자상해요."

교수님 "우주가 최초로 만든 것이 여성이라서 경의를 표하는 거야."

이태양 "네? 그게 무슨 말이에요?"

교수님 "그 이야기는 다음에 하세."

인간은 별에서 태어났다?

별의 진화

왕별이 "교수님, 안녕하세요. 또 왔어요."

교수님 "어서 와, 별이 학생."

왕별이 "오늘은 생강 쿠키를 조금 갖고 왔어요. 직접 만들어서 입에 맞으실지 모르겠어요."

교수님 "고마워. 마침 홍차 한잔 마시려던 참이었는데. 오늘은 다즐링으로 마셔보세."

왕별이 "지난번에 왔던 그 남학생……."

교수님 "이태양?"

왕별이 "네, 그때 별이 생겨난 이야기를 하셨잖아요. 제 이름에 '별'

이 들어가기도 해서 별의 존재에 관심이 많아요."

교수님 "그렇군. 그런데 별이 학생이 별에 관심을 갖는 것은 단순한 우연은 아니야. 왜냐면 왕별이는 별에서 태어났거든."

왕별이 "제가 별에서 태어났다고요? 왠지 낭만적인데요."

교수님 "요전에 별의 시작은 수소 경단이라는 이야기를 했잖아? 좀 더 자세히 말하면, 수소의 원자핵은 플러스 전기를 갖고 있어. 그래서 수소끼리는 같은 플러스 전기니까 서로 반발하지. 그런데 경단이 점점 커져서 꽉꽉 눌리게 돼. 더 이상 참을 수 없으면 수소는 '다른 삶을 산다!'며 4개의 수소가 손을 잡고 헬륨으로 모습을 바꿔버리지."

왕별이 "환경을 바꿀 수 없으면 자신이 변해버리는 게 낫다고 판단한 거군요. 왠지 현대의 처세술과도 통하는 것 같아요."

교수님 "신기한 것은 수소 4개의 무게와 헬륨 1개의 무게를 비교하면 헬륨이 가벼워. 그건 수소에서 헬륨으로 변할 때 빛이라는 에너지를 방출하기 때문이지. 이것이 별이 빛나는 이유고, 태양의 에너지원이야.*"

왕별이 "수소의 선택은 틀리지 않았네요."

교수님 "살기 쉬운 방법을 알자 수소는 점점 헬륨으로 모습을 바꾸지. 수소가 적어지고 헬륨이 많아지는 거야. 그럼 다시 비좁아지고 헬륨은 수소와 같은 과정을 거쳐 탄소가 되는 인생을 선택해. 그리고 탄소는 질소와 산소로……, 그렇게 여러 모습으로 바뀌지. 이때, 어느 정도의 무게를 충족하지 못하는 별은 더 이상의 성장을 멈춰버려**. 오리온자리의 베텔게우스, 전갈자리의 안타레스가 그렇지."

왕별이 "베텔게우스라면, 붉은색으로 빛나는 별을 말하는군요."

교수님 "맞아. 그들은 나이 든 별이야. 성장을 멈춰서 눌리지 않게 되니까 몸이 점점 팽창하고 표면의 온도도 떨어져서 붉게 보이지."

왕별이 "나이를 먹어야만 도달할 수 있는 고귀한 반짝임이네요."

교수님 "반면에 무겁고 커다란 별은 계속 성장해 여러 원소를 만들어내고, 최종적으로 별이 학생의 혈액 안에 들어있는 헤모글로빈의 성분인 철을 만들지."

왕별이 "별이 마지막으로 만드는 게 철이에요?"

교수님 "어떤 의미에서는 그래. 왜 최후인가 하면, 철에는 열을 흡수하는 성질이 있잖아. 다행인지 불행인지 이 성질이 있음으로써 별은 급격히 식어서 더 이상 성장할 수 없게 되어버리기 때문이야. 태울 것이 없어 빛나지 않게 된 별은 자신의 몸의 무게를 견딜 수 없게 되지."

왕별이 "비유하자면, 지금까지는 운동으로 칼로리를 소비했던 사람이 운동을 딱 멈춘 순간 체중이 불어 몸을 지탱할 수 없게 됐다, 뭐 그런 건가요?"

교수님 "거기에 가까울 수 있어. 단, 그다음에 별에서 일어나는 일이 인간에게도 일어난다면 큰일이지. 물론 별에게도 큰일이지만……. 무게로 몸을 지탱할 수 없게 된 별은 펑! 하고 대폭발을 일으키거든.***"

왕별이 "어머, 무서워라!"

교수님 "대폭발을 일으킨 순간 별은 코발트, 니켈, 금, 은, 백금 등 철보다 무거운 원소로 모습을 바꿔 산산조각이 나서 우주 공간에 흩어지지. 그렇게 흩어진 별의 조각이 다시 오랜 시간을 거쳐 결합과 분리를 반복하면서 태양계가 만들어지고, 행성이 생기고, 우리가 사는 지구도 생긴 거야. 지구는 약 46억 년 전에 생겨났어."

왕별이 "드디어 우주 역사에 지구가 등장하네요."

교수님 "우리 인간이 등장하려면 좀 더 시간이 필요하지만, 생명의 근원이라 할 수 있는 아미노산은 수소, 탄소, 질소, 산소 등이 결합해서 만들어지는 물질이야. 따라서 이 지구도, 우리 인간도 전부 별의 조각으로부터 생겨난 거지."

왕별이 "별의 조각……, 여운이 있는 멋진 말이에요."

교수님 "말하자면 별이 학생은 별의 공주야. 여왕인가? 그 손가락에서 반짝이는 반지는 별이 대폭발을 했기 때문에 낄 수 있는 우주의 선물이지."

왕별이 "그래서 우리 인간은 어머니와 같은 별에 대해 자꾸 알고 싶어지는 거군요. 요즘 제 주위에도 자신에 대해 알고 싶어 하는 친구들이 많은데, 별에 대해 아는 것도 자신의 뿌리를 찾는 장대한 자기 찾기라고 할 수 있겠어요."

과학 상식 이야기

*** 주계열성**

4개의 수소 원자로부터 1개의 헬륨 원자를 만들 수 있는, 핵융합 반응을 지속적으로 일으키는 시기의 별. 별의 일생 가운데 가장 무거운 시기를 차지하며, 태양을 비롯해 밤하늘에서 볼 수 있는 별의 대부분이 주계열성이다.

**** 적색거성**

헬륨의 양이 증가하기 시작해 별의 핵으로 남고 그 주위에서 수소가 타고 있는 상태. 바깥쪽이 팽창해 온도가 내려가서 붉게 보이기 때문에 적색거성으로 불린다. 나이를 먹은 행성.

***** 초신성폭발(슈퍼노바, Supernova)**

핵융합반응 과정 중에 나타난다. 철을 만들며 진행이 멈춰버린 별은 급격히 식어서 자신의 중력으로 점점 수축되기 시작한다. 그 결과 중심 온도가 급속히 높아져서 1조(兆)˚C가 되면 대폭발을 일으켜 초신성이 된다. 초신성은 새 별이라기보다, 별의 일생 가운데 최후의 모습이다.

태양계는 어떤 행성으로 구성되었나?

행성의 신비

왕별이 "지난번에는 지구와 우리 인간이 별의 조각이라는 이야기를 해주셨는데, 태양 주위를 돌고 있는 행성도 전부 별의 조각이라고 할 수 있나요?"

교수님 "좋은 질문이야, 별이 학생. 이건 테스트는 아닌데, 태양계는 어떤 행성*으로 구성되어 있는지 알아?"

왕별이 "그럼요. 과학시간에 배웠어요. 태양에서 가까운 순서로 '수금지화목토천해명'이니까 수성, 금성, 지구, 화성, 목성, 토성, 천왕성, 해왕성, 명왕성이에요."

교수님 "잘 기억하고 있군. 그런데 명왕성은 행성의 지위를 잃고 현재는 왜소 행성으로 분류돼 있어."

왕별이 "어머, 불쌍해라. 2부로 강등된 거네요."

교수님 "태양계 중에서 가장 큰 것은 당연히 태양이지. 가령 태양의 크기가 내가 좋아하는 여름밀감 정도라고 하면 지구는 얼마나 떨어진 곳에 있을까?"

왕별이 "2m 정도?"

교수님 "그렇게 가까우면 지구가 뜨거워서 인간이 살 수 없어. 지구는 여름밀감인 태양으로부터 10m 정도 떨어진 곳을 돌고 있어. 크기로 말하면 고작 1mm의 모래알갱이 정도야. 목성은 태양에서 70m 떨어진 곳에 있고, 크기는 체리 씨 정도. 체리도 맛있지. 그리고 태양에서 130m 떨어진 곳에 역시 체리 씨만한 토성이 있어. 이것이 행성 사이의 대략적인 거리감과 크기야."

왕별이 "그래도 우주의 일부잖아요. 모래알갱이 위에 사는 저로서는 상상할 수 없는 세계예요."

교수님 "태양 주위를 도는 행성은 태양에 비교적 가까운 행성과 멀리 떨어진 행성으로 나뉘는데, 그 형성 과정이 달라. 특히 목성, 토성, 천왕성은 목성형 행성이라고 할 수 있지. 목성은 태양이 될 수 있는 소질은 충분했는데 태양만큼 커질 수 없었기 때문에 빛날 수 없었던 거야."

왕별이 "빛날 수 없다는 것은, 목성은 수소 경단인 채로 있다는 말인가요?"

교수님 "그렇지. 목성은 태양의 의형제라고 할 수 있어. 그래서 지구처럼 암석질의 행성과 달리 금이나 백금은 존재하지 않아."

왕별이 "작지만 태양이 될 기회를 놓쳤다니 왠지 동정이 가요. 키 작은 제가 패션모델이 될 수 없는 것과 같잖아요. 모델이 되고 싶냐고 물으면, 딱히 그런 것은 아니지만……. 그렇게 생각하면 목성도 태양이 되고 싶었을 거라고 단정하는 자체가 어리석은 생각일지 모르겠어요. 저는 행성 중에서 토성이 가장 아름답다고 생각하는데, 환상적인 그 고리는 무엇으로 된 거예요? 토성 본체에서 빠진 것은 아니죠? 본체와 고리가 우주 공간에서 따로 떨어져 당황하는 토성의 모습을 가끔 상상해요. 바람에 모자가 날려 잡으려고 쫓아가는 어린아이 같아요."

교수님 "굉장한 상상력이야. 토성도 목성형 행성으로, 목성 다음으로 큰 수소 경단이지. 고리 부분은 메탄, 에탄, 프로판 등 다양한 가스가 얼어서 된 얼음 알갱이와 미세한 암석으로 이루어져 있어."

왕별이 "어떻게 얼음 알갱이가 그렇게 완벽한 타원형을 이루죠?"

교수님 "중력과 원심력이 균형을 이룬 결과 기적처럼 아름다운 고리 모양이 만들어진 거야."

왕별이 "정말 기적 같아요. 더 듣고 싶은데, 수업에 들어갈 시간이 됐어요. 행성을 떠올리며 수업 들을게요."

교수님 "아니, 행성은 잠시 잊어도 돼. 수업에 집중해야지."

과학 상식 이야기

* **태양계 행성 :** 행성은 태양과 같은 항성의 주위를 공전하는 천체로 2006년 국제천문연맹 기준에 의해 태양계는 수성, 금성, 지구, 화성, 목성, 토성, 천왕성 및 해왕성이라는 8개의 행성을 포함하게 되었다. 명왕성도 2006년까지는 태양계 9번째 행성으로 분류되었으나, 2005년 명왕성보다 큰 왜행성 에리스가 발견됨으로써 행성의 기준에 대한 논란이 생겼다. 결국 2006년 국제천문연맹은 명왕성을 행성에서 퇴출하고 왜행성으로 분류하였다.

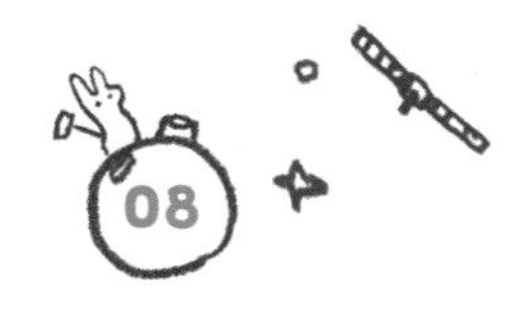

왜 하늘은 파랗고 저녁노을은 붉을까?

빛의 파장

김우주 "실례합니다, 저기, 어떤 상담이든 받아주시나요?"

한 남학생이 주뼛거리며 상담실 문을 열고 들어왔다.

교수님 "물론이지."

김우주 "진로나 공부에 관한 상담이 아니어도요?"

교수님 "그럼. 이쪽으로 와서 앉게. 나는 학생상담실장인 신기루 교수인데, 이름이?"

김우주 "저는 법학부 2학년 김우주라고 합니다. 그럼 실례하겠습니다."

교수님 "김우주, 오늘은 무슨 일로 왔지?"

김우주 "상담이라 할 정도로 거창한 일은 아닌데, 사실은 조금 전 여자친구와 싸워서……. 원래는 즐겁게 데이트하려고 했는데 싸우는 바람에 시간이 남아서 뭘 할까 하던 차에 학생상담실 간판이 눈에 띄었어요. 하늘은 파랗고 사람들은 모두 즐거워 보이는데 왜 나만 우울할까, 제 자신이 한심해요."

교수님 "실례되는 질문이겠지만, 여자친구와 싸운 이유는?"

김우주 "약속 장소인 카페에 일찍 도착해서 창가 자리에 앉아 여자친구를 기다렸어요. 그런데 여자친구가 내가 모르는 남자와 다정하게 말하며 걸어오는 거예요. 물론 그 정도로 질투 같은 건 하지 않아요. 하지만 남자친구니까 그 사람이 누군지 궁금한 게 당연하지 않아요? 그래서 '같이 온 사람, 누구야?' 하고 물었더니 이름을 말해주기에 '꽤 친해 보였다'고 했죠. 그러자 '나를 의심하냐?'며 버럭 화를 내지 뭐예요. 그게 아니라고 설명해도 제 말은 들으려 하지 않고……. 도대체 여자의 마음을 모르겠어요. '여자의 마음은 가을하늘'(변하기 쉬운 것을 비유해서 하는 말)이라는 옛말이 맞아요."

교수님 "원래 그 말은 '남자의 마음과 가을하늘'에서 변한 속담이야. 이 경우는 여성에 대한 애정이 변하기 쉬운 남성의 심리를 나타내지. 자세히 말하면, 이것도 700만 년 전에 생긴 습성이지만."

김우주 "저는 아니에요, 적어도 저는 한 여자만 생각해요."

교수님 "그런 것 같군. 오늘은 자네 말대로 구름 한 점 없이 화창한 날씨야. 이런 날은 공원에서 여자친구와 같이 보내면 기분 좋겠지."

김우주 "상처에 소금 뿌리는 말씀은 하지 마세요."

교수님 "미안하네. 그런데 주위 사람들이 모두 즐거워 보이는 것은 자네 기분이 우울해서야. 실제로는 그 사람들도 이런저런 고민거리가 있을 거야."

김우주 "그럴까요……."

교수님 "그리고, 하늘이 파랗게 보이는 것은 햇빛이 만들어내는 마술이야. 괜찮다면 기분 전환 겸 그 마술의 비밀을 밝혀볼까?"

김우주 "하늘이 파란 이유요? 제 마음은 당장이라도 비가 쏟아질 것처럼 잔뜩 흐려서 그런 이야기를 들을 여유가 없어요. 그렇다고 여기서 나가도 딱히 할 일이 없으니까 일단 들어볼게요."

교수님 "햇빛을 분해해서 눈에 보이는 빛들만 말하면 빨강, 주황, 노랑, 초록, 파랑, 보라 등의 색깔로 나눌 수 있어. 지금 말한 순서에서 붉은빛은 파장이 길고 보라에 가까워질수록 파장이 짧지."

김우주 "죄송한데요. 제가 그 분야는 잘 몰라서요. 초보적인 질문이지만, 파장이 뭐예요?*"

교수님 "빛은 파동의 성질을 갖고 있는데, 한 파동에서 다음 파동까지의 거리를 파장이라고 해. 사람의 보폭으로 비유하면 알기 쉬울 거야. 파장이 짧은 것은 보폭이 좁은 거야. 어린아이는 어른과 달리 보폭이 좁아서 아장아장 걷기 때문에 돌멩이 같은 장애물에 발끝이 걸리기 쉽지. 보폭이 넓은 어른이 한 걸음에 어린아이보다 멀리 갈 수 있듯이 파장이 긴 빨간빛은 더 멀리 갈 수 있어. 그러나 파장이 짧은 파란빛은 여기저기에 걸려서 쉽게 멀리 갈 수 없지."

김우주 "어린아이가 돌멩이에 발끝이 걸리는 것은 알겠는데, 빛은 무엇에 걸려요?"

교수님 "공기 중에 떠 있는 작은 먼지나 물방울이야. 빛이 대기를 통과해 들어오다가 이것들을 만나면 각도가 변해서 사방으로 흩어지지. 파장이 짧은 파란빛은 먼지나 물방울에 걸려서 사방으로 흩어지기 때문에 태양빛이 뜨겁게 내리쬐는 맑은 날에는 하늘 전체가 파랗게 보이는 거야. 하늘이 파랄 때도 진한 파랑, 옅은 파랑 등 여러 색깔이 있는 것은 진행을 방해하는 먼지나 수증기의 양과 관계가 있는데, 먼지나 수증기가 많을수록 색깔은 옅어지지."

김우주 "그런데 보라색이 파랑보다 파장이 짧잖아요, 그럼 쾌청한 날에는 하늘이 보라색으로 보여야 하는 거 아니에요?"

교수님 "예리한 지적이야. 이론적으로는 그렇지. 하지만 보랏빛은 파란빛보다 파장이 짧기 때문에 하늘 높은 곳에서 먼지나 물방울을 만나면 빛이 흩어져 우리에게 도달하지 않고, 또 인간의 눈은 보라색을 느끼기 어렵다는 이유에서 파랑이 강조되어 보이는 거야. 아침 해나 저녁 해(석양), 지평선 가까이에 있는 달이 붉게 보이는 것 역시 빛의 화려한 마술 때문이지. 해질 무렵 지평선의 햇빛이나 달빛이 우리 눈에 도달하려면 대기층의 긴 거리를 통과해야 해. 이 때문에 파란빛은 우리에게 도달하기 전에 먼지 등을 만나 흩어져 눈에 보이지 않고, 파장이 긴 빨강과 주황 빛은 대기 속을 통과해 우리 눈에 들어오기 때문에 아침노을과 저녁노을이 붉게 보이는 거야. 마찬가지로, 지평선의 붉은 달이 몇 시간 후에 하늘 높은 곳에서 하얗게 보이는 걸 본 경험 있지 않아?"

김우주 "네, 있어요! 그런데 냉정히 생각해보면 우리한테는 저녁노을로 빨갛게 보이는 태양이 같은 시간대의 다른 장소에서는 하늘 꼭대기에서 강렬한 빛을 내잖아요. 위치가 다른 것만으로 그렇게 다르게 보이니 신기해요."

교수님 "덤으로, 흐린 하늘의 비밀도 밝혀볼까? 흐린 날은 커다란 구름의 물방울이 많이 떠 있어서 파장이 짧은 빛도 파장이 긴 빛도 전부 물방울에 걸리지. 물방울에 걸려서 사방으로 흩어진 이들 색깔이 서로 섞이면 하얗게 되어 흐린 하늘의 색깔을 만드는 거야."

김우주 "모든 하늘의 색깔에는 명확한 이유가 있군요. 교수님 말대로 기분 전환이 됐어요."

교수님 "자네 마음도 흐렸다 갰다, 빛의 가감으로도 달라져. 언제든 또 오게."

과학 상식 이야기

* **빛의 파장 :** 빛은 우리 눈에 보이는 가시광선부를 가장 많이 포함한다. 그래서 흔히 붉은색보다 파장이 더 길며 우리 눈에 보이지 않는 부분을 적외선이라 하고, 보라색보다 파장이 더 짧아 역시 우리 눈에 보이지 않는 부분을 자외선이라고 한다. 사실 파란색보다 보라색이 더욱 파장이 짧으므로 보라색 하늘을 보여야 하나 태양에서 오는 가시광선 중 보라색은 파란색보다 빛의 양이 매우 적다. 따라서 보라색 부분의 빛은 두꺼운 대기층을 통과하기 전에 이미 사라지고 적은 양만 남아 우리 눈까지는 도달하지 못한다. 그러한 이유로 고도가 높아질수록 하늘의 색은 보라색에 가까운 색을 띠게 된다.

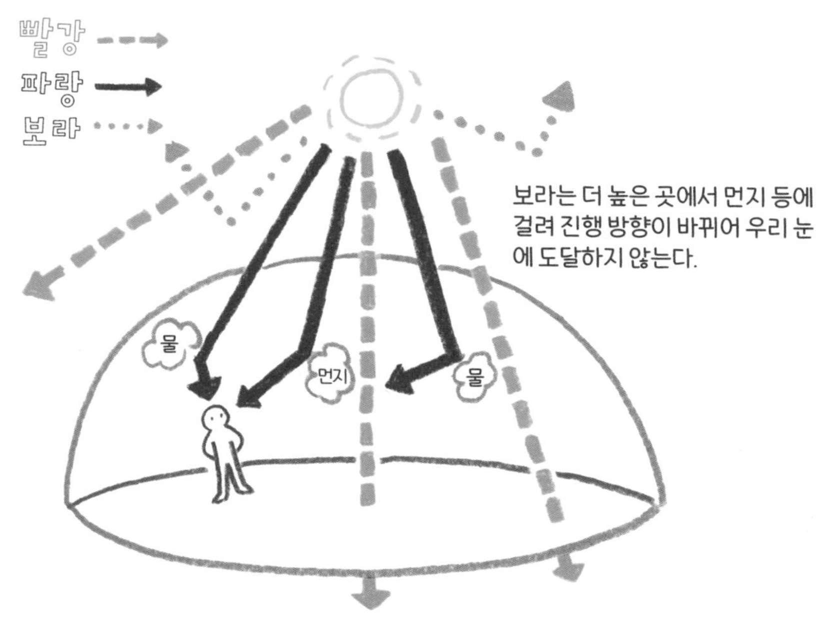

파란빛은 공기 중의 먼지와 물방울에 의해 진행 방향이 바뀌어
흩어지기 때문에 우리 눈에 도달한다. 빨간빛은 흩어지지 않고
먼 곳까지 가기 때문에 눈에 도달하지 않는다.

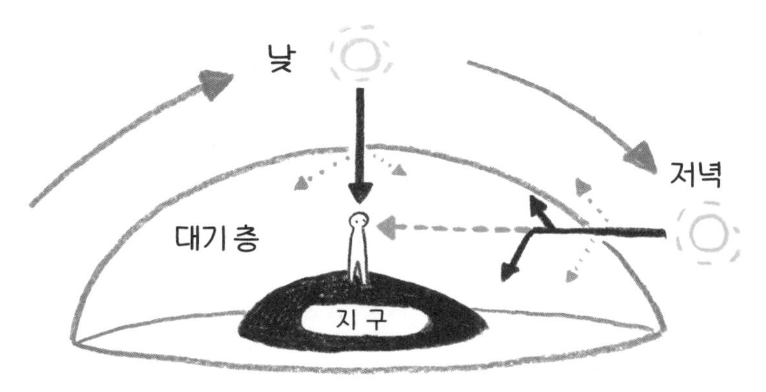

낮에 비해 저녁은 빛이 통하는 대기층의 거리가 길기 때문에
파란빛은 도중에 흩어지고 빨간빛만 도달한다.

달과 지구는 형제다?

달의 기원

김우주 "어젯밤 보름달은 정말 예뻤어요. 밤하늘을 바라보면서 '달을 즐기다' 보니 시간 가는 줄 모르겠어요."

교수님 "달을 즐기는 것은 인간의 특권이야. 하지만 그렇게 아름답고 신비해 보이는 달은 낮 동안에는 표면 온도가 120℃까지 오르고, 밤에는 -150℃까지 떨어지는 등 매우 혹독한 곳이지."

김우주 "인간은 도저히 살 수 없겠네요."

교수님 "그러나 달은 지구 주위를 도는 유일한 위성이고, 인간이 유일하게 갔던 천체지. 달의 신비가 밝혀지고 있는 만큼 달 기지 건설도 꿈은 아니야."

김우주 "그런데 왜 달만 지구 주위를 돌아요?"

교수님 "그건 달이 지구의 조각이기 때문이야."

김우주 "그래요?"

교수님 "지구가 생기고 얼마 안 됐을 때 화성 정도 크기의 행성이 지구에 충돌하는 대사건이 일어났어. 우주 공간으로 흩어진 지구의 파편은 지구의 인력에 빨려간 것도 있고, 파편끼리 모여서 경단처럼 된 것도 있었지. 그 경단이 눈사람처럼 커져 불과 한 달 만에 달이 탄생했어.*"

김우주 "그 예쁜 달이 그렇게 순식간에 생겨났군요."

교수님 "달의 성분과 지구의 성분은 같다는 것이 판명되어 달과 지구는 형제라는 것을 알게 되었지. 이건 모두가 잘 아는 아폴로 우주선이 달에서 가져온 월석(月石)을 분석해 밝혀진 사실이야."

김우주 "우주선이 토끼를 찾으러 간 게 아니었네요, 하하하."

교수님 "달이 처음 생겼을 때 아주 약간이지만 대기가 있었어. 그러나 달의 크기는 지구의 4분의 1 정도이고 그만큼 중력도 작기 때문에 대기를 붙잡을 수 없어서 대부분 도망가버렸지. 그리고 햇빛이 닿지 않는 극지방의 영구음영(陰影) 지역에서는 상당량의 얼음이 발견되었어. 일본우주항공연구개발기구(JAXA)가 발사한 달 탐사선 '카구야' 덕분에 밝혀졌는데,

달 연구에 큰 성과를 올렸지."

김우주 "당연히 그건 물이 언 거겠죠?"

교수님 "달이 생겨났을 때부터 있던 얼음이야."

김우주 "공기는 거의 없는데 물은 있다, 그것만 봐도 달은 지구의 형제라고 할 수 있네요."

교수님 "게다가 달은 지구에 다양한 선물을 줬어. 달과 지구는 인력으로 서로에게 영향을 주고 있는데, 가장 알기 쉬운 것이 밀물과 썰물이지. 달이 생기기 전에 지구의 자전 속도는 지금의 3배로, 하루의 길이가 8시간이었어. 지금처럼 하루가 24시간이 된 것은 지구가 회전하는 속도에 달이 제동을 걸어주기 때문이지."

김우주 "24시간도 부족한데 하루가 8시간짜리 세계였다니, 저한테는 맞지 않아요."

교수님 "실제로 자전 속도가 3배 빠른 세계에서 지금처럼 생활하는 것은 무리야. 그도 그럴 것이 덤프트럭이 날아갈 정도의 풍속 300m 바람이 항상 부니까. 참고로, 4억 년 전에는 하루가 19시간이었고, 10억 년 후에는 31시간이 될 것으로 예측하고 있어."

김우주 "24시간도 부족하다고 했지만, 하루의 길이가 지금보다 더 늘어나도 난처할 것 같아요."

교수님 "또 하나, 달에게 받은 귀한 선물이 있어. 앞에서 말한 화성 크기의 행성이 충돌했을 때 지구의 자전축(지축)이 23.5도 기울어졌는데, 이것 하나만으로도 그때의 충격이 얼마나 컸는지 상상이 갈 거야. 그런데 축이 기울어지면서 지구엔 어떤 현상이 생겨났을까?."

김우주 "지축의 기울기로 생긴 거라면…… 계절요!"

교수님 "맞아. 지구에 사계절이 있고 계절이 규칙적으로 변화하는 것은 달의 인력이 지축의 기울기를 고정하고 있기 때문이야. 상상하기 어렵지만, 만일 달의 인력이 없다면 지축이 불안정하게 변화해서 계절의 변화가 매일의 날씨처럼 변덕스러웠을지 몰라."

김우주 "갑자기 더워졌다 느닷없이 눈이 내리는, 그런 일이 일어나는 건가요?"

교수님 "그렇지. 달을 즐길 때는 지구에 계절을 선물해줘서 고맙다는 감사의 마음을 가져야 해."

김우주 "벚꽃놀이와 단풍놀이를 할 수 있고, 계절과일과 채소를 먹을 수 있는 것도 전부 달 덕분이네요."

과학 상식 이야기

* **자이언트 임팩트(Gaint Impact) 설 :** 충돌설. 지구 탄생 직후인 원시지구가 화성 크기의 행성과 충돌해 우주 공간으로 흩어진 지구와 행성의 파편이 모여서 달이 만들어졌다는 설이다.

달은 계속 추락하고 있다?

인력 이야기

소행성 "교수님, 계세요?"

상담실 문을 노크하는 소리가 나고 양복 차림의 중년 남성이 안으로 들어온다.

소행성 "저는 직장인 학생 소행성이라고 합니다. 나이는 마흔넷입니다. 보람 있는 무언가를 찾고 싶어 회사에 다니면서 올해 봄부터 이곳에서 공부하기 시작했습니다. 저도 학생이니까 이곳을 이용해도 되죠?"

교수님 "물론이죠."

소행성 "다행이에요. 학생이어도 아저씨는 안 된다고 하면 어쩌나 걱정했거든요. 사실은 저희 집에 네 살짜리 딸이 있는데 한창 호기심이 많아서인지 볼 때마다 '왜요?' '뭐예요?' 하고 질문을 퍼부어요. 아빠로서 성실히 대답해주고 싶은데, 가끔 '그런 거 아빠한테 묻지 마!' 하고 소리 지르고 싶을 만큼 예상치 못한 질문을 해서 감당하기 어려워요."

교수님 "나도 학생상담실장인 만큼 예상치 못한 질문은 일상다반사라 어떤 기분인지 알 것 같아요."

소행성 "요전에도 저녁에 외식을 하고 집에 가는데, '아빠, 달은 왜 떨어지지 않아?' 하고 묻는 거예요. 뉴턴의 만유인력을 배우기는 했지만 네 살짜리 아이에게 그걸 어떻게 설명해야 할지 난감했어요. 어른에게도 그 이유를 설명하기 어렵다는 걸 알고 이렇게 오게 됐습니다. 나이 마흔이 넘어서 물리 교수님께 이런 질문을 한다는 게 쑥스럽지만……."

교수님 "그런 건 신경 쓰지 마세요. 아이가 그런 질문을 한 건 아직 사고가 유연하기 때문이에요. 어른들은 그런 의문을 갖지 않잖아요. 아이들 눈에, 사과를 받치는 손을 빼면 사과는 바닥으로 떨어지는데 달은 떨어지지 않는 것은 신기하죠. 그 이유를 밝힌 사람이 조금 전 소행성 씨가 말한 뉴턴이에요. 가령, 당신이 위쪽을 향해 비스듬히 공을 던졌다고 합시다. 공은 포물선을 그리며 당신이 서 있는 곳의 조금 앞쪽에 떨어지겠죠. 더 멀리 던지려면 어떻게 해야 할까요?"

소행성 "가능한 세게 던지면 되지 않을까요?"

교수님 "그래요. 던지는 속도를 빠르게 하면 그만큼 공은 멀리 날아가죠. 그렇게 점점 빨리, 그리고 멀리 공을 던지면 최종적으로 어떤 일이 일어날까요?"

소행성 "최종적이라 해도 한도가……."

교수님 "바닥에 떨어지지 않고 지구 주위를 계속 빙빙 돌게 될 겁니다."

소행성 "하지만 그건 현실적으로 불가능하잖아요."

교수님 "물론 지구에서는 공기 저항 때문에 아무리 속구를 던져도 차츰 속도가 느려져 결국 지상에 떨어지고 말죠. 이것은 어디까지나 머릿속으로 상상하는 실험으로, 사고실험이라고 해요. 뉴턴도 아인슈타인도 사고실험으로 위대한 발견을 하게 됐죠. 아무튼, 지구 표면 가까이에 공기가 없다면 공을 던져도 속도를 떨어뜨릴 요인이 없어요. 그래서 약 초속 8km, 시속으로 말하면 2만 8,800km로 공을 던지면 지구 주위를 계속 돌게 되죠."

소행성 "지구 주위를 빙빙 도는 공이라고요? 마치 달 같네요."

교수님 "잘 맞히셨어요. 둥근 지구를 따라 돈다는 것은 지구로 계속 떨어지고 있다는 것이기도 하죠."

소행성 “앗, 그런가!”

교수님 “떠받치는 손이 없으면 사과가 아래로 떨어지는 것은 지구의 인력이 지구 중심을 향해 사과를 잡아당기기 때문이에요. 공이 지구 주위를 돌고 있을 때도 마찬가지로 인력이 작용해서 계속 떨어지지만 속도가 빠르기 때문에 지상에 완전히 떨어질 수 없는 상태인 거죠. 따라서 ‘회전’이라는 운동은 ‘낙하’라는 운동의 변형판이라고 할 수 있어요. 빙글빙글 돈다는 것은 떨어진다는 거예요.”

소행성 “그 말은 달도 계속 떨어지고 있다는 건가요?”

교수님 “그래요. 달은 지구의 인력 때문에 지구 중심을 향해 떨어지고 있기 때문에 도는 거죠. 인공위성도 같은 원리로, 초속 약 8km 정도의 속도로 지구 주위를 돌아요. 참고로, 로켓이 달에 갈 수 있는 것은 이 중력으로부터 탈출할 만큼 빠른 속도이기 때문이죠.”

소행성 “둥실 떠 있는 달이 지구로 떨어지고 있는 것이라니, 정말 충격이에요. 돈다는 것은 떨어지는 것이다. 그런데 이 사실을 어떻게 아이에게 설명해야 할지……. 그건 지금부터 생각해봐야겠어요. 감사합니다!”

초속 8km로
지구 주위를 계속 돈다.
초속 11km로
지구의 인력을 뿌리치고
우주로 탈출한다.

개기일식과 금환일식은 어떻게 다를까?

일식과 월식의 원리

이태양 "교수님, 이것 보세요! 늘 매진이었는데 드디어 샀어요. 세기의 우주 쇼에 관심이 있는 사람들이 많나 봐요."

신기하게 생긴 선글라스를 낀 이태양이 상담실에 들어오자마자 자랑했다.

교수님 "사흘 후에 있을 개기일식을 위해 만반의 준비를 하는 거지. 학교 안에서 그걸 끼고 다녔어? 넘어지지 않은 게 신기하군. 깜깜해서 안 보였을 텐데."

이태양 "네, 태양이 어떻게 보이는지 시험해보고 싶어서요. 느낌이 괜찮았어요. 그런데 날씨가 걱정돼요."

교수님 "분명 날씨는 좋을 거야. 내가 움직이는 날은 늘 쾌청하니까 걱정 마."

이태양 "역시 교수님이야!"

교수님 "개기일식이 왜 일어나는지는 알고 있지?"

이태양 "아뇨. 인터넷으로 찾아봐도 쉽게 이해가 안 돼요. 이럴 때는 교수님께 묻는 게 제일이죠. 사실, 어릴 때는 개기일식이 '괴기일식'인 줄 알았어요. 태양이 숨다니, 뭔가 초자연적이잖아요."

교수님 "자네 말대로 고대인들은 개기일식을 불길한 현상이라고 두려워했어. 어느 날 갑자기 한낮에 태양이 숨어버리고 주위가 어두컴컴해지니까 그렇게 여기는 게 당연하지. 일식은 지구에서 볼 때 태양이 달에 의해 가려지는 현상이야. 지구 주위를 도는 달이 태양과 같은 방향에 오면 달의 그림자가 지구 표면을 지나가서 보이지 않게 되지. 이때의 달을 뭐라고 할까?"

이태양 "삭(朔; 달이 태양에서 가장 가까운 거리에 있는 때. 음력 초하룻날의 달. 밤중에 달이 아예 뜨지 않거나 거의 뜨지 않는다)! 싱거워라, 이런 문제는 쉽지요."

교수님 "그런가? 일식은 삭 때 일어나지만, 꼭 그런 것만은 아니야. 왜일까?"

이태양 "그렇게 갑자기 문제 수준을 높이면 어떡해요. 어른답지 못하시네."

교수님 "아, 미안. 그건 지구 주위를 도는 달이 지나는 길과 태양 주위를 도는 지구가 지나는 길의 각도가 미묘하게 어긋나기 때문이야. 그래서 삭이 되어도 태양, 달, 지구가 일직선이 되는 경우는 한정되어 있지. 게다가 일식이 일어나는 타이밍에 이곳이 밤이면 우리는 일식을 볼 수 없어. 가령 낮이어도 날씨가 흐리면 볼 방법이 없지. 일식을 목격할 수 있는 것은 정말 큰 행운이야."

이태양 "그래서 TV랑 잡지에서 난리인 거잖아요."

교수님 "그중에서도 우연이 아니면 불가능하다고 할 수 있는 것이 태양이 달에 완전히 가려지는 개기일식이야. 그것 외에도 태양의 일부가 가려지는 부분일식도 있지."

이태양 "그런데 월식은 일식과 완전히 다른 거예요?"

교수님 "월식은 달이 지구 그림자에 가려져서 일어나는 현상이라 일식과는 달라. 일식은 태양—달—지구 순서로 일직선이 될 때 일어나는데, 월식은 지구가 태양과 달 사이에 올 때, 즉 태양—지구—달 순서로 일직선이 됐을 때 일어나지. 일식은 삭 때, 월식은 보름달 때 일어나."

이태양 "그러면 부분월식보다 개기월식이 드물겠네요."

교수님 "맞아. 단, 일식과 달리 월식은 달이 보이는 곳이면 세계 어디서든 똑같이 볼 수 있어. 또 개기월식의 흥미로운 점은 이때 달이 둥근 구체로 보인다는 거야. 보통 보름달은 편평한 접시 같잖아. 그런데 개기월식 때는 둥근 공이 떠있는 것처럼 보여. 원래는 달이 지구 그림자 속으로 들어가기 때문에 보이지 않을 텐데, 지구 뒤쪽에서 비추는 태양빛이 그림자 속으로 돌아 들어가서 달이 희미하게 적동색(검붉은 구릿빛)으로 보이지."

이태양 "그 기분 나쁜 달이 그거였구나……. 그리고 금환일식이란 것도 있던데 그건 개기일식과 어떻게 달라요?"

교수님 "금환일식은 개기일식처럼 달과 태양이 딱 겹치는 것이 아니라 달 주변으로 태양빛이 고리처럼 보여. 즉 개기일식 때보다 금환일식 때가 지구에서 달이 멀어져서 외견상 크기가 작아지는 것을 의미하지. 대체 왜 이런 일이 일어날까?"

이태양 "잘 모른다고 했잖아요. 아까보다 문제가 더 어려워졌어요."

교수님 "달은 지구 주위를 완벽한 원이 아닌 타원을 그리며 돌기 때문이야. 그래서 지구와 달의 거리는 가까울 때도 있고 멀 때도 있고, 항상 일정한 게 아니야. 가까울 때 태양과 달이 겹치면 개기일식, 멀 때 같은 현상이 일어나면 금환일식이 되는 거지. 그런데 이 기적 같은 균형이 미래에는 정말 기적이 되어버릴 거라고 해."

이태양 "그게 무슨 말이에요?"

교수님 "미래에는 개기일식은 없어지고 금환일식만 남는 거야."

이태양 "그 말은, 달과 지구의 거리가 멀어진다는 건가요?"

교수님 "맞아. 달과 지구의 인력과 자전과의 균형이 원인으로, 달은 매년 3.8cm 정도 지구에서 멀어지지. 고작 3.8cm이지만 백 년, 천 년의 세월이 흐르면 오차라고 부를 수 없는 거리가 돼."

이태양 "그래서 개기일식이 없어지는 것은 언제예요?"

교수님 "약 6억 년 후라고 해."

이태양 "너무 멀어서 상상이 안 돼요. 아무튼 사흘 후의 개기일식을 보기 위해 철저히 준비할 거예요. 그런데 날씨 말고도 큰 문제가 있어요."

교수님 "그게 뭔데?"

이태양 "아침 일찍 일어날 수 있을지 걱정이에요. 교수님이 깨워주실래요?"

교수님 "아니. 그건 내가 도와줄 수 없어."

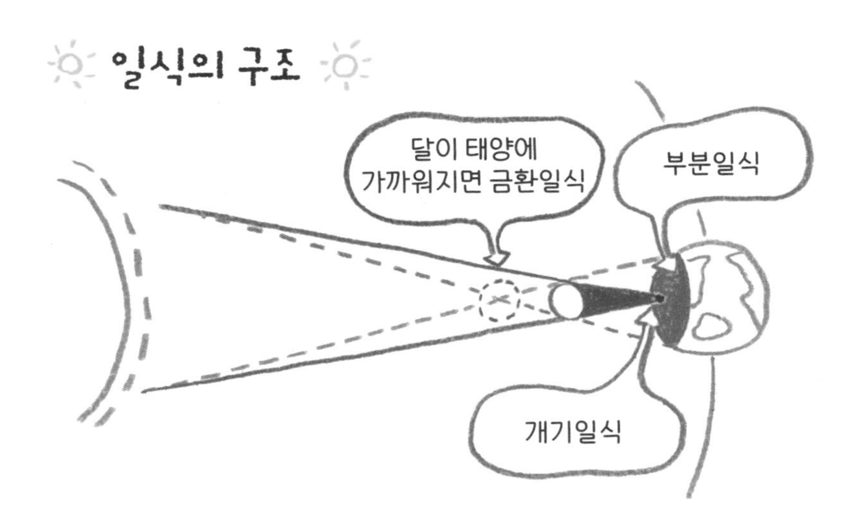
일식의 구조
달이 태양에
가까워지면 금환일식
부분일식
개기일식

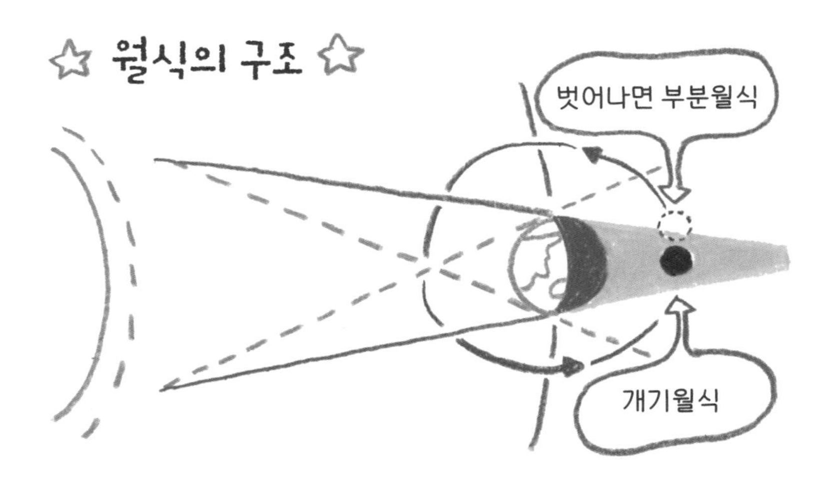
월식의 구조
벗어나면 부분월식
개기월식

지진은 왜 일어날까?

지진의 원리

강산들 "교수님, 한밤중에 큰 지진이 있었어요."

교수님 "어서 와, 강산들. 새벽 3시쯤이었지."

강산들 "놀라서 잠이 깬 탓에 지금 너무 졸려요. 지진, 정말 싫어요! 요즘 지진이 자주 일어나서 흔들릴 때마다 흠칫흠칫해요. 이렇게 평생 지진 걱정하며 지내야 한다고 생각하니 정말 짜증나요. 지진 걱정 없는 곳으로 가고 싶어요."

교수님 "꿈을 깨는 말일지 모르겠지만, 지구상에 사는 이상 지진은 피할 수 없는 숙명이야. 지구에서는 언제 어디서든 지진이 일어날 수 있거든. 태양에도 일진(日震)이라는 태양 지진이 있으니까, 좋게 생각하자고."

강산들 "그렇게 말하지 마세요!"

교수님 "그래, 그래. 아무튼 지진이 어떻게 일어나는지 간단히 설명할게."

신 교수는 자리에서 일어나 칠판에 커다란 원을 하나 그렸다.

교수님 "원래 지구의 지름은 1만 3,000km 정도인데, 여기서는 알기 쉽게 1m라고 하세. 그 경우, 공기의 두께는 어느 정도일까?"

강산들 "음, 10cm 정도?"

교수님 "공기는 위로 갈수록 희박해지지. 우리가 공기라고 부를 수 있는 높이는 대략 1만 5,000m에서 2만m 정도야. 제트기가 나는 높이가 그 정도인데, 지름 1m의 지구에 맞게 환산하면 공기의 두께는 2mm쯤 돼."

강산들 "겨우 2mm요?"

교수님 "고작 그 정도의 공기를 지구에 사는 생물들이 서로 나누고 있는 거지. 그럼 바다의 깊이는 얼마일까?"

강산들 "공기보다 얕을 것 같은데요. 1mm?"

교수님 "바다는 깊은 곳부터 얕은 곳까지 있는데, 평균 5,000m 정도니까 지름 1m의 지구에 맞게 환산하면 0.5mm가 되지. 아주 오랜 옛날부터 지금까지 그런 '얕은 바다'에 희생된 사람이 많은 거야."

강산들 "인간이 얼마나 작고 하찮은지 알 것 같아요."

교수님 "바다 밑바닥의 지각과 육지의 지각은 판(플레이트)으로 되어 있어. 플레이트는 만주(밀가루, 쌀가루 등을 반죽한 피로 팥소를 감싸 찌거나 구운 화과자)의 얇은 피 같다고 할 수 있어. 그것이 15장 정도의 판들이 조금씩 겹쳐 지구를 덮고 있지."

강산들 "밀푀유(겹겹이 층을 이룬 페이스트리와 달콤한 크림으로 만든 프랑스 디저트)나 밀크레이프(크레이프를 겹겹이 쌓아 만든 케이크) 같은 거네요. 환산하면 플레이트는 약 3mm 정도 되겠네요?"

교수님 "아까워라, 정답은 4mm야. 그 아래는 어떻게 되어 있냐면, 공기그릇에 막 부은 된장국을 떠올려 봐. 국이 공기 안에서 빙빙 돌 거야. 뜨거운 것은 위로, 차가운 것은 아래로 이동하는 대류현상이 일어나기 때문인데. 플레이트 밑에서도 마그마가 빙빙 돌며 대류를 일으켜."

강산들 "지옥 그림처럼?"

교수님 "플레이트는 마그마라는 거친 바다에 둥실둥실 떠 있는 불안한 존재야. 연못 표면에 소용돌이가 일면 표면에 떠 있던 이파리끼리 부딪히잖아? 소용돌이가 크면 보트도 부딪치지. 마그마 위의 얇은 피(껍질)도 마찬가지로 부딪혀. 밀어내기 놀이처럼 서로 밀어서 그 힘에 견딜 수 없게 되면 플레이트가 위로 튀어 올랐다가 원래 상태로 돌아갈 때 쾅! 지진이 일어나는 거야. 동일본대지진(2011년 3월, 일본 도호쿠 지방에서 발생한 규모 9.0의 지진) 때 서로 밀어내기를 한 결과 플레이트가 얼마나 어긋났나 하면 이 천장까지의 길이, 어긋난 단층의 길이로 말하면 교실 크기 정도일까. 겨우 그 정도로 그런 엄청난 지진이 발생하는 거야."

강산들 "파괴력이 엄청나네요."

교수님 "일본도 지진으로 만들어졌어."

강산들 "그래요?"

교수님 "나머지는 다음에 이야기하세."

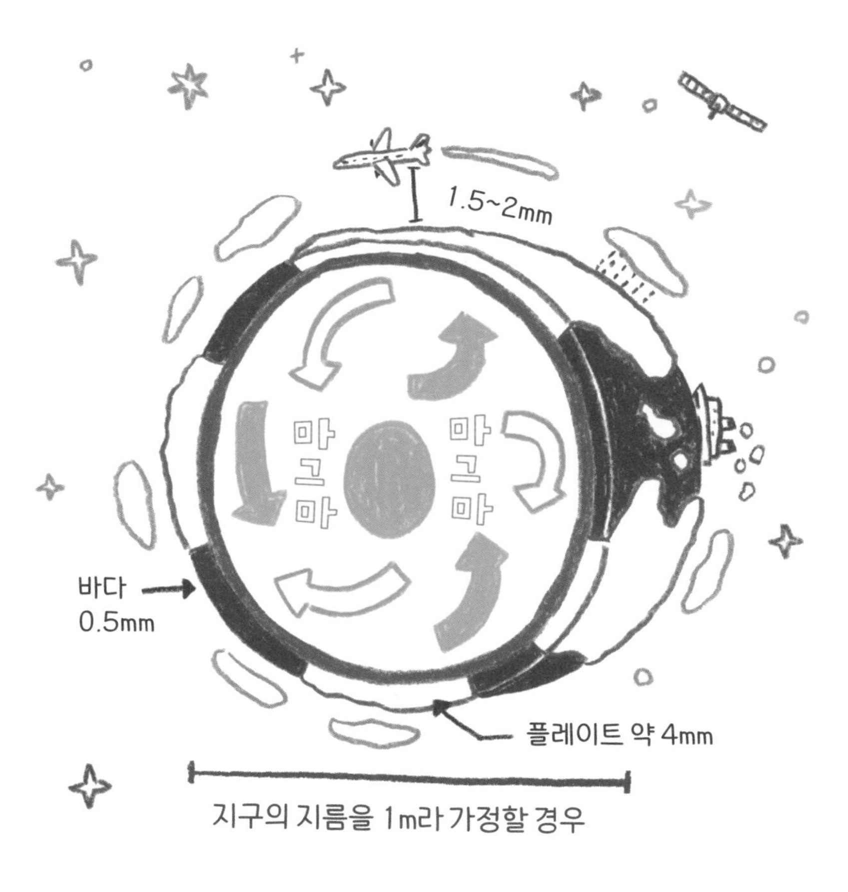
1.5~2mm
마그마
마그마
바다 0.5mm
플레이트 약 4mm
지구의 지름을 1m라 가정할 경우

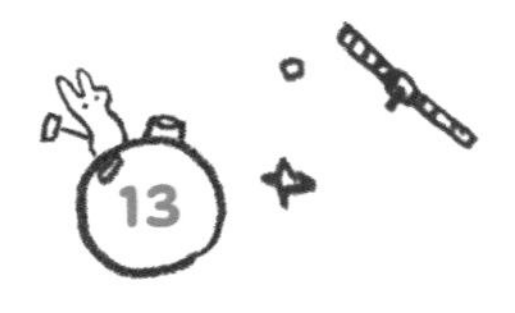

지진 때문에 인간이 탄생했다?

지진과 인간

강산들 "교수님! 뭐 하세요?"

교수님 "오, 강산들. 이거 말인가? 지구본을 망가뜨리고 있어."

강산들 "네?"

교수님 "지구본을 이렇게 가대(架臺)에서 떼어내서 대한민국이 위로 오게 해. 그런 다음 실제 북쪽과 남쪽을 맞춰서 저기 베란다에 두면 진짜 지구와 태양의 지금 위치 관계를 알 수 있어. 이것 봐, 지금 이쪽 부근이 밤이란 걸 알 수 있잖아? 이 지구본이 진짜 지구랑 똑같이 도는 거야."

강산들 "와, 교수님, 대단해요! 이제 지난번의 이야기를 이어서 들려주세요."

교수님 "아, 일본이 지진으로 생겼다는 이야기였지?"

강산들 "네, 그거요."

교수님 "지진이 없었다면 일본은 존재하지 않았을 거야. 지진으로 생겨난 땅이니까 일본에 지진이 많은 것이 당연해."

강산들 "그렇구나……. 그런데 어제 들었을 때보다 이상하게 충격적이지 않아요."

교수님 "그런가. 인류는 아프리카에서 시작되었는데, 그것도 지진을 빼고 말할 수 없어. 지금으로부터 2억 년 전 매그니튜드(지진의 규모를 나타내는 척도) 10이 넘는 대지진이 발생했지. 그 흔적은 아프리카 대륙에 또렷이 새겨졌어. 지진으로 플레이트가 서로 충돌하면 땅이 융기해 산이 생기지. 세계에서 가장 높은 에베레스트산이 지진으로 만들어진 산이야."

강산들 "정말요? 에베레스트처럼 그렇게 높은 산이?"

교수님 "수증기를 품은 바람은 산에 부딪혀 진로가 차단되면 상승해서 온도가 떨어지고 구름이 되지. 높은 산이 구름 속에 있어서 전체 모습을 쉽게 볼 수 없는 것은 그 때문인데, 높은 산 주변에는 구름이 생기기 쉬워. 그렇게 구름이 생기면 어떤 일이 일어날까?"

강산들 "비가 내려요."

교수님 "정답이야. 비가 내리면 지상에 나무가 무성해져서 숲이 생기지. 반면에 산을 넘어온 바람은 도중에 수분을 잃어서 매우 건조해. 건조한 바람만 부는 들판을 뭐라 하지?"

강산들 "사막?"

교수님 "사바나(열대의 비가 적은 지대의 초원)야. 사바나에서는 나무가 자라지 못해. 그래서 인류의 조상은 난처했지. 인간의 최초 조상은 생쥐 정도 크기의 '네발 동물'이었어. 거기서 원숭이와 고릴라로 진화하는데 그 '네발 동물'군이 난처해진 거야. 왜일까?"

강산들 "나무 위에서 생활할 수 없게 됐으니까."

교수님 "맞아. 가령 멀리서 사자 같은 맹수가 와도 나무가 있으면 도망갈 수 있었지. 그것이 나무 위에서 생활하는 장점 중 하나라고 할 수 있어. 그 외에도 위험이 다가올 때 높은 곳에서 상황을 살피고 자신은 물론 동료에게 '위험하다!'고 경고할 수 있어. 또 위험을 알아차리는 것은 물론이고, '저쪽에 슬슬 열매가 맺기 시작했다'며 먹을거리가 있는 장소를 재빨리 발견해 그곳을 확보할 수 있지."

강산들 "그런 나무가 없어지면 목숨이 위태로울 만큼 위험한 거 아니에요?"

교수님 "맞아. 몸을 감출 수 있는 나무가 없어지면서 자신의 모습이 사방에 그대로 드러나게 됐지. 언제 맹수의 습격을 당해도 이상하지 않은 상황이 된 거야. 새끼가 맹수의 습격을 당할 확률도 높아졌지. 그래서 새끼를 갖지 않자 종(種)의 존속이 위험해졌어. 그래서 1년에 한 번 새끼를 낳을 수 있는 구조로 몸을 바꾼 거야. 인간이 매해 임신할 수 있는 건 그 때문이지."

강산들 "다른 동물은 매해 임신할 수 없나요?"

교수님 "가령, 고릴라는 5년에 한 번밖에 임신할 수 없어. 그리고 '네발 동물'은 어느 날 두 발로 섰어. 한 번 서보니까 네발로 기어다닐 때보다 압도적으로 시야가 넓어져서 이전으로 돌아갈 수 없게 되었지."

강산들 "그것이 인간의 시작이란 건가요?"

교수님 "그래. 자네가 하이힐을 신는 것은 인간의 본능에 충실한 것이라고 할 수 있어."

강산들 "이 하이힐, 예쁘죠? 그런데 왜죠?"

교수님 "하이힐을 신으면 그만큼 눈높이가 높아져 더 멀리 볼 수 있기 때문이지. 자네는 생존본능으로 넘쳐 있는 거야."

강산들 "그 말, 칭찬이죠?"

교수님 "물론 칭찬이지. 아무튼 일본이 생긴 것도, 인간이 두 발로 서서 걷게 된 것도 지진에서 시작됐어. 지진은 일상을 순식간에 파괴해버리는 무서운 파괴력을 갖고 있지만 지진이 없으면 애당초 인간은 존재하지 않았어. 인간의 진화 과정을 알면 지진을 어떻게 이해해야 할지 그 답이 보일 거야."

지진에 의해 산이 생긴 후
인간이 두 발로 걷도록 진화하게 됨

바닷물의 높이는 달의 인력의 영향이다?

밀물과 썰물

소행성 "교수님 안녕하세요! 앗, 실례했습니다."

소행성이 상담실 문을 열고 들어가자 왕별이가 의자에 앉아 있었다.

왕별이 "들어오세요. 저는 용건이 있어서 온 건 아니에요. 그리고 지금 교수님은 안 계세요."

소행성 "문 밖 표찰에는 '재실'로 되어 있는데, 이상하네요."

왕별이 "저도 5분 전쯤 왔어요. 문도 잠겨 있지 않았으니 곧 오시겠죠. 괜찮으시면 같이 기다리실래요? 상담하실 거면 저는 교수님께 인사만 드리고 갈게요."

소행성 "아녜요. 거창한 상담은 아니에요. 아무튼 일단 왔으니 같이 기다릴까요? 저는 소행성이라고 합니다. 직장인 학생이에요."

왕별이 "처음 뵙겠습니다. 저는 왕별이예요. 교수님의 이야기를 듣는 게 재미있어서 강의가 없을 때면 종종 와요."

소행성 "저는 요전에 처음 와봤어요. 신기루 교수님에 대한 이런저런 소문은 많이 들었는데, 종잡을 수 없다고 할까요? 그래서 더 이야기를 듣고 싶어지는 묘한 분이에요."

왕별이 "그럴 수도 있죠. 그런데 어떤 소문을 들으셨어요?"

소행성 "우주인이 나타나면 그들과 맨 먼저 대화하는 극비 임무를 NASA로부터 부여받았대요."

왕별이 "그때를 위한 말이랄까 소리를 준비했다는 이야기를 들은 적 있어요. 지능을 가진 우주인이라면 그 소리에 담긴 메시지를 해독할 수 있다나 봐요."

소행성 "와, 거기까지는 몰랐어요. 소리라면, 1977년 NASA가 발사한 무인 우주탐사선 보이저에 바흐의 브라덴부르크 협주곡 등이 수록된 골든 레코드를 실었다는 이야기도 들었어요."

왕별이 "고등학생 때 수학경시대회에서 입상해 교과서에 나오는 그 세계적인 물리학자를 만난 적도 있대요."

소행성 "교황과 달라이 라마도 만나서 이런저런 이야기를 나눴다는 소문도 있습니다!"

왕별이 "그런가 하면 한때는 대기업에서 선풍기를 개발했다는 말도 있어요."

소행성 "젊은 사람들은 모를 수 있는데, 비디오 녹화의 '3배속 모드' 개발에도 참여하셨대요. 3배속 모드는 정말 편리했어요. 지금은 이해 안 되겠지만, 일반 비디오테이프는 2시간밖에 녹화할 수 없었거든요. 그것을 3배속 모드로 설정하면 6시간이나 녹화할 수 있죠. 그런데 가장 큰 수수께끼는 어째서 그런 엄청난 분이 이 대학에 있느냐는 겁니다."

왕별이 "게다가 학생상담실장을 맡아서 매일 우리 이야기를 들어준다……, 이 대학 최대의 미스터리라고 할 수 있죠."

교수님 "오, 보기 드문 조합인걸. 혹시 나를 기다린 건가?"

왕별이 "어머나, 깜짝야! 교수님, 어떻게 베란다에서 나타나세요?"

교수님 "사실은 이쪽에 비밀 통로가 있어. 옥상이 돔인 건물로, 직접 이어지는 비밀 지름길이지. 날씨가 흐린 날은 그곳에서 하늘을 향해 열린 문을 닫고 바흐 음악을 듣는 것이 나의 즐거움이야."

왕별이 "그렇군요. 저는 교수님이 돌아오셨으니까 수업에 늦지 않으려면 슬슬 가야겠어요. 먼저 실례하겠습니다."

교수님 "아, 미안하게 됐군."

왕별이 "신경 쓰지 마세요. 교수님이 안 계신 동안 소행성 씨와 즐겁게 수다 떨었으니까요. 소행성 씨, 다음에 또 봬요."

소행성 "나야말로 즐거웠어요. 고마워요."

교수님 "왠지 내가 방해꾼이 된 것 같은데."

소행성 "그럴 리가요. 교수님께 묻고 싶은 것이 있어서 기다렸는걸요. 요전에 말씀해주신 인력에 관련한 질문입니다."

교수님 "좋아요, 뭐죠?"

소행성 "밀물과 썰물의 차이요. 서해 제부도에 가족여행을 갔을 때 제부도로 향하는 길(밀물 때면 바닷물이 들어와 길이 물에 잠겨 사라지고 썰물 때는 바닷길이 나타난다)이 밀물로 사라져 버리는 것을 봤어요. 딸에게 '길이 사라졌네, 신기하지?'했더니 딸도 좋아했어요. 그런데 몇 시간 후 집에 돌아가려고 다시 육지 쪽으로 향했더니 사라졌던 길이 다시 나타난 거예요. 정말 놀라웠죠. 아니나 다를까, 예상대로 딸의 '왜?' '어째서?' 공격이 시작됐죠. '바닷물이 빠져서 그래' '왜?' '달님이 끌어당기거든' '바닷물이 하늘로 날아가 버렸어?' '그게 아니라, 물은 바다에 있는데……' 하는 식으로, 제가 밀물과 썰물의 원리를 정확히 모르니까 애매한 설명이 되어버렸어요. 지난번 교수님의 이야기를 듣고 그때 아버지로서의 한심했던 기억이 떠올라 이건 꼭 물어봐야겠다고 생각했죠."

교수님 "달이 지구 주위를 돈다고 지난번에 말했는데, 지구도 멈춰

있는 것은 아니에요. 자전을 하면서 태양 주위를 돌죠."

소행성 "이야기가 옆길로 새는 걸 수도 있는데, 달도 자전하잖아요. 그런데 왜 지구에 똑같은 면만 보여줄까요? 지구에서는 달의 뒷면을 못 보잖아요."

교수님 "그건 달의 자전과 지구 주위를 도는 공전의 주기가 같기 때문이에요. 서로 회전하는 달과 지구 사이에는 인력뿐만 아니라 원심력도 작용하죠. 원심력은 알죠?"

소행성 "네, 물을 담은 양동이를 빙글빙글 돌려도 양동이의 물이 쏟아지지 않는 것이 원심력이죠. 초등학생 때 실험한 적 있어요. 천천히 돌려도 원심력이 작용하는지 직접 해봤다가 물을 홀딱 뒤집어써서 기억나요."

교수님 "호기심 왕성한 어린이였네요. 인력과 원심력이 균형을 이루기 때문에 달과 지구는 엄청난 힘으로 서로를 끌어당기면서도 충돌하지 않아요. 그래서 우리가 일상에서 달의 인력을 거의 느끼지 못하지만, 눈에 보이는 현상이 밀물과 썰물이라고 할 수 있어요. 달의 인력은 지구에 가장 가까울 때, 즉 지구에서 봐서 달이 바로 위에 있을 때 가장 커지죠. 이것이 달의 인력에 바닷물이 당겨져 만조(밀물로 해면의 높이가 가장 높아진 상태)가 되는 원리예요. 이때 지구의 반대쪽은 달에서 가장 멀기 때문에 인력이 가장 작아지는데, 대신 지구의 원심력이 크게 작용하죠. 따라서 이쪽도 바닷물이 부풀어 올라 만조가 일어납니다."

소행성 "반대쪽은 간조(썰물로 해면의 높이가 가장 낮아진 상태)가 되는 게 아니라 원심력으로 만조가 되는군요. 재미있어요."

교수님 "그러나 바닷물 전체의 양이 달라지는 것이 아니니까 만조가 되는 곳이 있으면 간조가 되는 곳도 당연히 생기죠. 어딘지 알겠어요?"

소행성 "만조인 곳에서 90도인 지점, 요컨대 높아진 두 곳의 딱 중간 부분의 물이 가장 적어지지 않을까요?"

교수님 "맞아요. 달은 24시간 50분에 걸쳐서 지구 주위를 돌죠. 이것은 공전과는 별개로, 지구도 돌기 때문에 달이 뜰 때부터

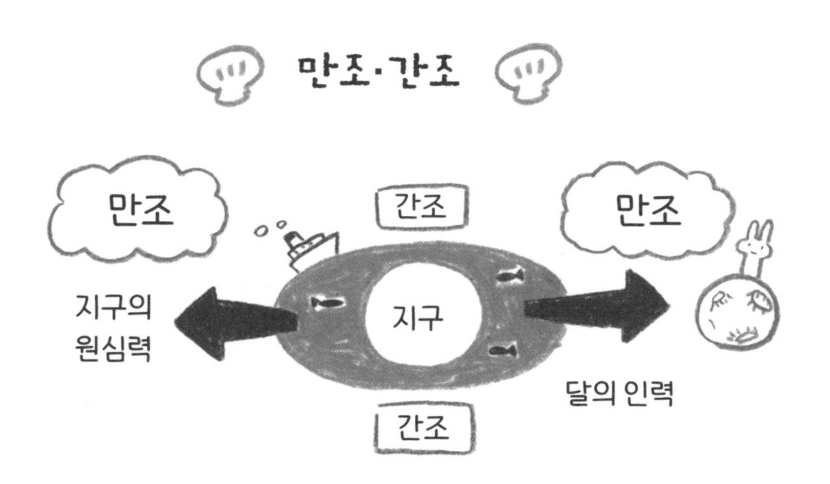

다음 달이 뜰 때까지의 시간이라고 생각해주세요. 12시간 25분에 걸쳐 달은 지구의 반대쪽으로 갔다가 다시 12시간 25분에 걸쳐 원래 자리로 돌아오죠. 바닷물의 높이도 그 움직임에 맞춰 변하기 때문에 하루에 두 번, 만조와 간조를 반복하는 거예요."

소행성 "참고로, 사리는 어떤 상태에서 일어나나요? 사리 때는 모시 조개를 캘 기회라는 것만 기억나는데."

교수님 "사리는 밀물과 썰물의 차가 가장 커지는 상태를 가리키는데, 지금 설명한 달의 인력에 태양의 인력이 가장 크게 작용할 때 일어나죠. 그게 언제인가 하면, 태양과 달과 지구가 거의 일직선으로 늘어서는 보름과 삭 때예요. 달의 인력에 맞춰 태양의 인력도 같은 방향으로 작용하기 때문에 바닷물을 더 강하게 끌어당기죠. 반대로 밀물과 썰물의 차이가 가장 작아지는 조금 때는 우리 눈에 반달로 보이는 상현과 하현 때 일어나요. 반달은 달의 반쪽에만 빛이 닿는 상태죠. 지구에서 봤을 때 달과 태양의 위치는 직각이 되어 서로 힘을 상쇄하기 때문에 만조와 간조도 약해져요."

소행성 "그렇군요. 오랫동안 답답했던 궁금증이 싹 풀렸어요."

교수님 "그런데 아까 베란다에서 들어올 때 별이 학생과 뭔가 재미있게 얘기하던데."

소행성 "그게, 이 나이에 젊은 학생들과 대화를 하니 정말 하루하루가 즐거워요. 교수님이 젊어 보이는 이유를 알 것 같아요."

교수님 "맞아요, 나는 학생들을 상담해주면서 에너지를 받죠. 그런데 아까 어떤 이야기를 했죠?"

소행성 "아……, 교수님께 말씀드릴 만한 사항은 아닙니다! 그럼, 다음에 또 오겠습니다. 감사합니다!"

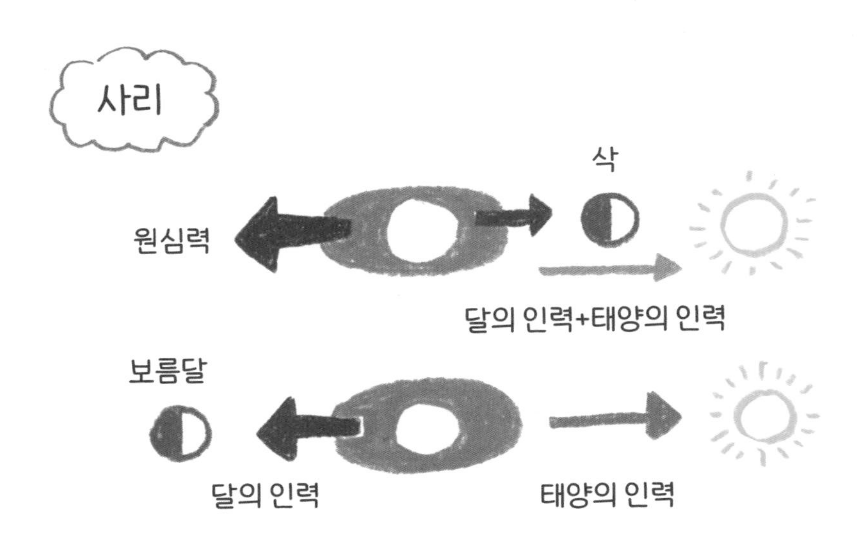
사리
삭
원심력
달의 인력+태양의 인력
보름달
달의 인력
태양의 인력

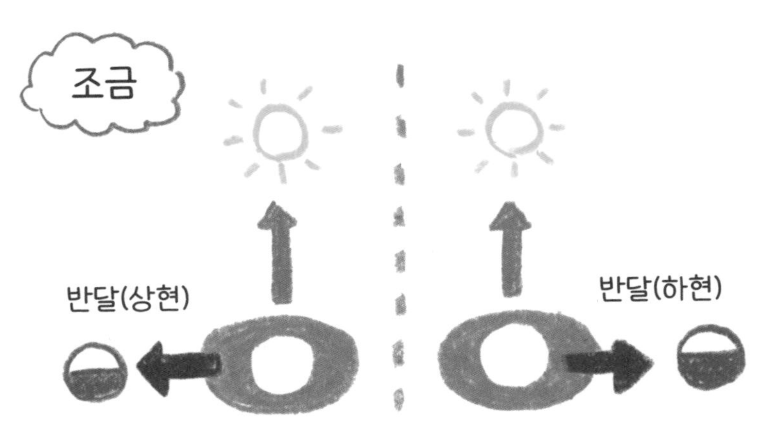
조금
반달(상현)
반달(하현)
달의 인력 - 태양의 인력

별똥별의 정체는?

유성과 혜성

왕별이 "교수님, 어젯밤 유성우 보셨어요? 감동이 밀려와서 잠이 싹 달아났어요. 그 덕분에 파운드케이크를 만들었어요. 맛보시라고 조금 싸왔어요."

교수님 "고마워, 별이 학생. 홍차부터 끓여야겠군. 오늘은 어떤 홍차로 할까? 실론티 어때? 요전에 스리랑카로 여행 갔다 온 학생이 선물로 사왔어."

왕별이 "학생들에게 인기가 많으시네요. 저도 마셔보고 싶어요."

교수님 "나도 어젯밤에 유성우를 봤네. 칠흑처럼 깜깜한 밤하늘에 빛이라는 펜으로 선을 그은 것 같았어. 잠시 일을 쉬고 넋 놓고 봤지. 여기, 홍차. 따뜻할 때 마시는 게 좋아."

왕별이 "고맙습니다. 교수님이 끓여주시는 홍차는 정말 맛있어요. 비결이라도 있나요?"

교수님 "비결이라 할 정도는 아니고, 굳이 말하면 상대가 맛있게 마시는 모습을 상상하면서 끓이지. 지금처럼 기뻐하는 모습을 상상해."

왕별이 "그렇게 말해주시니 기분 좋아요."

교수님 "그런데 자네는 유성(별똥별)의 진짜 모습을 아나?"

왕별이 "진짜 모습이요? 그냥 별이 떨어지는 거 아니에요?"

교수님 "엄밀히 말하면 유성도 별의 조각이라고 할 수 있어, 마치 우리처럼. 그런데 조각이긴 해도 몇 mm도 되지 않는 작은 부유물, 먼지 같은 것이지."

왕별이 "커다란 운석 같은 것을 상상했는데 의외네요. 그런데 먼지만큼 작은 것이 어떻게 우리 눈에 보일 만큼 빛을 내는 거죠?"

교수님 "우주 공간에 떠 있는, 먼지처럼 작은 별 조각 근처를 지구가 지나면 그것들이 지구의 인력에 당겨져서 엄청난 속도로 대기권으로 돌입해."

왕별이 "청소기에 빨려드는 먼지처럼요?"

교수님 "그렇지. 그때의 속도는 초속 수십km니까 실제는 더 빠른 속도인데, 상상하자면 그런 느낌이야. 그때 공기와의 마찰로 발열해 빛을 내는 것이 유성의 정체야."

왕별이 "그럼 유성의 빛이 아주 옛날 과거의 빛이라는 것은……."

교수님 "그건 항성(붙박이별)의 빛이야. 우리가 보는 유성은 대기권에서 일어나는 현상이라 멀리 떨어져 있다고 해도 지상에서 100km 전후의 높이야."

왕별이 "그건 몰랐어요. 어제처럼 유성을 한 번에 많이 볼 수 있는 현상을 유성우라고 하잖아요. 가령 사자자리 유성우, 쌍둥이자리 유성우, 페르세우스자리 유성우처럼 왜 전부 별자리 이름이 앞에 붙어요?"

교수님 "유성은 하늘의 한 점을 중심으로 사방으로 퍼지듯이 떨어지는데, 그 점이 어느 별자리에 있느냐에 따라서 그 별자리의 이름이 붙어. 예를 들어, 사자자리 유성우는 사자자리로부터 유성이 튀어나오는 것처럼 보이지. 일종의 표시 같은 거야."

왕별이 "질문만 해서 죄송한데, 유성우는 왜 방사형으로 보여요?"

교수님 "그럼 나도 하나 묻겠는데, 자네 고향은 어디지?"

왕별이 "강원도요."

교수님 "그럼 눈은 친숙하겠네. 차를 타고 눈 내리는 길을 가는 모습을 떠올려봐. 전진하는 차 안에서 앞 유리 너머로 눈을 보면 한 점에서 방사형으로 분출하는 것처럼 보일 거야. 유성우도 같은 이유로, 실제로 그 별자리에서 튀어나오는 것은 아니지만 지구의 인력으로 무수한 작은 별들이 빨려드는 것처럼 보이는 거야."

왕별이 "무슨 말인지 알겠어요."

교수님 "내친 김에 하나 더, 유성의 정체에 대해 가르쳐주지."

왕별이 "또 다른 얼굴이 있어요?"

교수님 "아까 유성은 별의 조각이라고 했지? 별은 별인데, 유성은 혜성(가스 상태의 긴 꼬리를 끌고 태양을 초점으로 긴 타원이나 포물선에 가까운 궤도를 그리며 운행하는 천체)의 조각이야."

왕별이 "혜성이라면 몇 년에 한 번 오는 그 혜성 말인가요?"

교수님 "그래. 혜성은 '꼬리별'이라고도 불리듯이 보통은 긴 꼬리를 갖고 있어. 꼬리처럼 보이는 빛은 태양의 열을 받아 핵이라 불리는 머리 부분이 녹아서 가스 상태가 된 거야."

왕별이 "혜성은 불타고 있는 별이라고만 생각했어요."

교수님 "그러니까 머리 방향에 태양이 있어서 태양풍에 녹은 가스가 옆으로 날리는 거라고 생각하면 돼. 꼬리 부분이 혜성 본체를 따라가지 않고 남겨져서 우주 공간에 떠 있는 상태가 유성의 기원이야. 혜성의 조각은 혜성의 궤도 전체, 즉 혜성이 지난 길에 잔향처럼 떠 있지. 지구가 혜성의 궤도를 가로지를 때 그 조각들을 단번에 끌어당겨서 유성이 생기는 거야."

왕별이 "그렇구나. 이제 알겠어요. 지구 인력에 끌려온 별 조각은 그 후 어떻게 돼요?"

교수님 "자네 주위를 둥실둥실 떠돌지."

왕별이 "왠지 낭만적이에요! 별 조각인 우리는 별에 둘러싸여 살고 있는 거네요."

교수님 "맞아. 그건 그렇고, 이 파운드케이크 정말 맛있는걸."

왕별이 "감사합니다. 저도 교수님이 맛있게 드시는 모습을 상상하며 만들었거든요."

가스와 먼지가 흩어져 있는 혜성 궤도를
지구가 가로지를 때 먼지가 지구에 끌어당겨져 유성이 된다.

우주의 중심은 어디일까?

우주의 팽창

이태양 "교수님, 빅뱅은 우주 어디서 일어났어요? 지진도 진원지가 있듯이 빅뱅도 폭발 포인트가 있을 거잖아요."

교수님 "그걸 생각하며 자네가 앉아 있는, 바로 여기에서 빅뱅이 일어났어."

이태양 "앗, 정말요? 와, 소름! 그럼 우주가 시작된 그 중심에 제가 군림하고 있는 거예요?"

교수님 "그렇지. 그런데 군림은 아니고 존재하는 거야. 나도 자네도 우주의 중심에 존재하는 거지."

이태양 "역시 인간은 위대해!"

교수님 "그런데, 우주는 더 위대해. 왜냐면, 우리가 있는 이곳이 우주의 중심인 것처럼 가령 태양계 밖에 있는 아주 먼 은하와 행성도 우주의 중심이거든."

이태양 "그게 무슨 말이에요? 중심은 하나뿐이라서 중심인 거 아니에요?"

교수님 "보통은 하나인 중심이 여러 장소에 있기 때문에 우주가 성립하는 거야. 우주는 모든 장소가 중심이고, 모든 장소가 끝이야."

이태양 "그러니까 중심 자체가 없다는 건가요?"

교수님 "아니, 모든 곳이 중심이라는 말이야."

이태양 "교수님……, 알기 쉽게 설명해주시면 안 돼요?"

교수님 "가령 고무풍선 표면에 일정한 간격으로 물방울무늬를 그렸다고 하세. 풍선 표면이 우주 공간이고 물방울이 은하야. 풍선을 부풀리면 물방울무늬는 어떻게 될까?"

이태양 "물방울들이 커지겠죠."

교수님 "맞아. 물방울과 물방울 사이의 거리도 풍선이 부풀수록 넓어지지. 단, 그것은 풍선이 부푸는 모습 전체를 밖에서 보기 때문에 알 수 있는 거야. 시점을 바꿔 자네가 난쟁이가 되어 풍선에 그린 하나의 물방울무늬 위에서 주위를 본다고 가정하면 풍선이 부풀 때 주변의 물방울무늬는 어떻게 보일까?"

이태양 "제가 있는 곳에서 점점 멀어지는 것처럼 보이지 않을까요?"

교수님 "자네가 있는 곳에서 멀리 떨어져 있는 물방울무늬일수록 더 빨리 멀어지는 것처럼 보일 거야. 좀 더 말하면, 옆에 있는 물방울무늬이든 바로 뒤쪽에 있는 물방울무늬이든 어느 물방울무늬 위에 있어도 같은 광경을 보게 되지. 어느 곳을 중심으로 생각해도 주위 상황은 전혀 달라지지 않아. 이것이 우주야."

이태양 "그렇군요……라고 말하고 싶지만, 멀리 있는 물방울무늬일수록 더 빠르게 멀어진다는 것이 잘 이해가 안 돼요."

교수님 "그럼, 또 하나 다른 예를 들지. 고무줄이 하나 있다고 가정하고, 그 위에 같은 간격으로 표시한 다음 양쪽 끝을 당겨보세. 표시 중 하나를 기준으로 해서 고무줄이 늘어나는 모습을 보면 그 기준으로부터 멀리 있는 것일수록 빨리 멀어지지. 이 경우, 고무줄이 공간이라고 하면 그 위에 찍은 표시는 은하야. 먼 곳의 은하일수록 우리가 있는 장소로부터 더 빨리 멀어져. 즉 우주는 풍선이 부풀듯이 계속 팽창해.*"

이태양 "교수님은 '우주에 밖은 없다'고 했는데, '안에 있는' 인간이 어떻게 우주가 팽창하는 것을 알 수 있어요?"

교수님 "좋은 지적이야. 물론 밖에서 보는 것이 팽창하는 모습을 알기 쉽지. 그러나 조금 전에 말했듯이 자신이 있는 장소에서 물방울무늬, 즉 은하가 점점 멀어지는 것을 앎으로써 팽창을 확인할 수 있지."

이태양 "그 팽창이란 게 지금도 계속되고 있나요?"

교수님 "응, 지금 이 순간에도 우주는 팽창하고 있어."

이태양 "그럼 지구에서 여행할 수 있는 장소는 한계가 있지만 우주 여행을 할 수 있는 장소는 점점 넓어지는 거네요."

교수님 "꽤 낭만적인 생각인걸."

과학 상식 이야기

* **허블의 법칙 :** 우주는 계속 팽창하고 있고, 은하가 멀어지는 속도는 거리에 비례한다는 법칙. 1929년 미국의 천문학자 허블(Edwin Powell Hubble)이 발견했다.

점 A에서 보면 가까운 점 B보다 멀리 있는 점 C가
더 빨리 멀어지는 것처럼 보인다. 어느 점에서나 같은 광경을
볼 수 있기 때문에 어느 점이나 중심이라고 생각할 수 있다.

인간의 모습은 누가 정했을까?

태양과 지구의 관계

강산들 “키가 10cm만 더 컸어도 모두가 부러워하는 완벽한 스타일이 됐을 거예요. 미스 유니버스에 출전해볼까 할 만큼. 뭐, 지금 키도 그럭저럭 괜찮아요. 교수님도 그렇게 생각하지 않으세요?”

교수님 “자네 미모라면 분명 이길 수 있을 거야. 단, 미스 유니버스는 외모의 아름다움뿐 아니라 지성과 인간성 같은 내면의 아름다움도 중요해.”

강산들 “그 말은, 제게 지성이 부족하다는 건가요?”

강산들 학생이 눈을 부릅뜨며 쳐다보자 신 교수가 쩔쩔매며 말했다.

교수님 "아니, 그런 뜻이 아니라, 내면과 외면의 아름다움이 모두 필요하다고 말하고 싶었을 뿐이야. 자네는 외형적인 아름다움에 자신 있는 것 같은데, 원래 인간의 모습을 설계한 것은 누구라고 생각해? 예전에 이 주제에 대해 논문을 쓴 적이 있거든. 사람은 왜 지금 같은 모습이 되었는지 물리학적인 시점에서 진지하게 생각했지."

강산들 "교수님은 정말 특이해요. 그런데 멋져요!"

교수님 "그런가? 결론부터 말하면, 인간이 이런 모습이 되기 위해서는 세 가지 조건이 필요해."

강산들 "겨우 세 가지예요?"

교수님 "응. 첫째, 지구가 지금과 같은 크기일 것. 둘째, 지구가 지금과 같은 무게일 것. 셋째, 지구와 태양의 거리가 지금 정도일 것. 이 세 가지 조건이 갖춰지면 우리 같은 모습의 인간이 만들어지지. 아니, 다른 모습으로는 있을 수 없어."

강산들 "의외로 단순한 조건으로 나의 이 아름다운 모습이 만들어지는구나."

교수님 "인간의 신체뿐 아니라 눈에 보이는 물체는 서로 끌어당기는 힘과 반발하는 힘이 균형을 이뤄 형태를 유지하지. 가령 네모난 두부는 손바닥 위에 올릴 정도의 크기일 때는 형태를 유지할 수 있지만 냉장고 크기나 고층 건물처럼 커지면 순식간에 찌그러져서 모양을 유지할 수 없어. 지구의 중력에 두부가 반발하는 힘이 지기 때문이야."

강산들 "두부로 된 건물은 아무리 애를 써도 무리일 것 같아요."

교수님 "인간의 몸도 마찬가지야. 지구의 중력이 너무 강하면 우리는 지금 같은 몸의 형태를 유지할 수 없어. 물체의 크기가 클수록 지구가 끌어당기는 힘도 커지는 것은 잘 알 거야."

강산들 "가벼운 물체보다 무거운 물체에 가해지는 중력이 크죠."

교수님 "고양이의 다리와 코끼리의 다리를 비교하면 한눈에 알 수 있어. 전체적으로 코끼리의 다리는 묵직하고 두껍지. 코끼리처럼 무거운 몸을 지탱하려면 그 정도 두꺼운 다리가 아니면 무너질 거야. 가령 코끼리의 몸집이 고양이 정도라면 실제로 고양이가 그렇듯이 그렇게 두꺼운 다리는 필요하지 않겠지."

강산들 "코끼리 다리의 고양이라니, 전혀 귀엽지 않아요!"

교수님 "마찬가지로, 거인이 있다면 지금의 인간을 그대로 키운 한 모습이 아닐 거야."

강산들 "거인이라면 키 2m 정도의 수준이 아니라 엄청 큰 사람을 말하는 건가요?"

교수님 "가령 지금의 모습 그대로 키를 2배로 했다고 하세. 몸무게는 단순히 계산해서 8배가 돼. 닮은꼴 그대로 크기가 2배가 되면 부피는 8배가 되기 때문이야."

강산들 "와, 그렇게나 무거워져요?"

교수님 "그런데 그 무게를 지탱하는 다리의 면적은 4배밖에 되지 않아. 그래서는 몸을 지탱할 수 없지. 따라서 우리보다 2배의 키를 가진 거인이 실제 존재한다면 신체 비율 면에서 하체는 더 두껍고 발의 크기도 훨씬 클 거야."

강산들 "적어도 놀이동산 같은 곳에서 볼 수 있는, 지금의 인간의 모습을 그대로 확대한 모형처럼은 되지 않는 거군요."

교수님 "응. 그래서 '인간의 모습을 설계한 것은 누구일까' 하는 질문에 대한 답은 지구의 크기와 무게, 그리고 태양과의 거리를 결정한 우주라고 할 수 있어."

강산들 "교수님, 우주인이 있다면 그 우주인의 모습도 태양에 상당하는 별과 우주인이 사는 별의 거리와 크기로 정해지나요?"

교수님 "그렇겠지. 지금 세계의 학자들이 태양계 밖에 있는 행성, 즉 외계행성을 찾고 있는데 그 후보인 별이 이미 2000개 넘게 발견됐어. 그중에 지구와 닮은 별이 있고 태양에 상당하는 별 주위를 비슷한 거리로 돌고 있다면 그곳에 사는 우주인은 우리와 매우 흡사한 모습을 하고 있지 않을까?"

강산들 "맞아요. 같은 우주인이라도 문어 같은 모습보다는 인간과 비슷한 모습이 친근할 것 같아요. 그런데 최근 수십 년 동안 우리 인간의 체형도 달라졌잖아요. 옛날 사람은 더 키가 작았고, 저 같은 요즘 아이들은 팔다리가 길다고 하는데, 그런 것은 음식과 환경 변화가 원인이지 않을까요?"

교수님 "당연히 그것도 관계있지. 가령 옛날보다 덜 걷는다거나, 채소보다 육류 섭취가 늘었다거나, 그런 것들로 체형은 점점 진화하지. 반면에 지구, 태양에 관련된 여러 조건들의 미묘한 변화가 기후에도 영향을 미치면서 조금씩 체형의 진화를 가져온다는 식으로도 생각할 수 있어."

묵직한 하체!

어떻게 멀리 있는 별이 보일까?

빛의 정체

교수님 "마침 잘 왔네. 오늘은 아주 특별한 것이 있어."

왕별이 "뭔데요?"

교수님 "휴일을 이용해 오랜만에 나의 애마 포르쉐를 몰고 갔었지."

왕별이 "어디를 가셨는데요?"

교수님 "여기서 편도로 서너 시간 걸리는 곳인데, 맛있는 물이 샘솟는 산속. 이전에 있던 대학의 연구모임 학생들과 별을 보기 위해 합숙했던 곳 근처야."

왕별이 "샘물을 마시러 서너 시간이나 운전을 해서 가셨다고요?"

교수님 "아니, 마시기 위해서라기보다 물을 긷기 위해서 간 거야.

시간이 걸려도 그만한 가치가 있는 아주 순수하고 맛있는 물이거든. 별이 반짝이는 밤에 갓 길어온 물을 컵에 따르면 그 물에 별이 비쳐서 마치 별을 띄운 것 같아. 맛도 그만이고. 물 긷기의 참맛은 그곳까지 가는 과정에도 있으니까 운전도 중요하지. 그 물로 홍차를 끓이려던 참이었어. 슬슬 자네가 올 때가 됐다고 생각하면서."

왕별이 "감사합니다. 어떤 맛일지 기대돼요. 그런데 교수님이 포르쉐를 타신다니 의외예요."

교수님 "나에게 운전은 수행과 같아. 냉정하게 자신과 마주하는 행위지. 서킷(자동차 등의 원형 경주 코스)에서 시속 300km 가까운 속도로 달려본 적도 있어. 물론 젊었을 때지만. 그래도 이 나이에 산에 물 길러 다니는 나 자신을 스스로 칭찬한다니까."

왕별이 "와…… 정말 능력자시네요."

교수님 "글쎄, 나는 평범하다고 생각하는데. 자, 여기 홍차."

왕별이 "잘 마시겠습니다. 저는 어제 어떻게 해야 친구랑 잘 지낼까, 별을 보며 이런저런 생각을 하다가 문득 저렇게 멀리 떨어진 별빛이 어떻게 지구에 사는 우리 눈에 보이는 걸까 하는 생각에 빠졌어요. 덕분에 제 고민이 하찮게 느껴지면서 기분이 가벼워졌어요."

교수님 “별이 가득한 밤하늘을 보다 보면 자신의 고민은 별 거 아니라는 생각이 들지. 별은 우리가 자신의 고민에 스스로 답을 찾게 하는 카운슬링 효과가 있는 것 같아. 아마도 그건 우리의 고향이 별이라서가 아닐까. 매일 태양, 달, 별을 보면서 당연하게 여기지만, 그 빛은 확실히 신비한 존재야. 너무 당연해서 의문을 갖는 사람이 적지. 그 신비를 깨달은 자네를 위해 빛이란 무엇인지 설명해줄게. 캄캄한 어둠 속에서 벽을 향해 손전등을 비추면 둥근 빛의 고리가 생기는데, 손전등을 멀리하면 빛의 고리는 어떻게 될까?”

왕별이 “커지고, 벽을 비추는 빛의 세기도 약해져요.”

교수님 “맞아. 벽과 손전등의 거리가 2배가 되면 빛 고리의 지름도 2배가 되고, 빛의 면적은 4배로 넓어져. 이것은 같은 면적의 빛의 세기는 4분의 1이 된다는 거야.”

왕별이 “멀어질수록 점점 어두워지는군요.”

교수님 “그렇지. 가령 태양만큼 빛이 강한 별도 계산상으로는 1광년 멀어지면 육안으로는 알 수 없을 만큼 빛의 세기가 약해져.”

왕별이 “1광년을 알기 쉬운 단위로 하면 얼마예요?”

교수님 “빛이 1년 걸려서 도착하는 거리로, 약 10조km야. 그런데 뭔가 이상하지 않아?”

왕별이 "네. 왜냐면 몇 백 광년 떨어져 있는 별이 실제는 눈에 보이잖아요. 시리우스(큰개자리에서 가장 밝은 별)는 약 9광년, 오리온자리의 베텔게우스(오리온자리에서 가장 밝은 별)는 640광년이나 떨어져 있다고 책에서 읽었거든요."

교수님 "오, 잘 알고 있군. 그 모순은 빛이 입자라고 생각하면 해결할 수 있어. 빛을 작은 알갱이라고 생각하는 거야. 별에서 멀리 떨어질수록 빛의 입자는 넓게 확산해서 입자들의 밀도가 작아지지. 멀어지면 어둡게 보이는 것은 그 때문인데, 알갱이 하나하나의 에너지는 변하지 않아. 그래서 우리가 까마득히 멀리 있는 빛을 볼 수 있는 거야."

왕별이 "빛이 입자라면 이해가 돼요."

교수님 "그런데 이게 다가 아니라는 점이 흥미로워. 가령, 스타킹을 두 겹으로 겹치면 줄무늬가 생기는 걸 볼 수 있지. 그것은 빛이 파동의 성질을 갖고 있어서 스타킹의 작은 구멍을 통과하면 마치 바다의 물결이 방파제를 빠져나갔을 때 안쪽으로 돌아 들어가듯이 퍼져서 서로 강하게 하거나 약하게 하는 것과 똑같은 현상이 일어나기 때문이야. 무지개에 색깔이 있는 것도 빛의 파장과 관계가 있어서 무지개 위쪽이 파장이 긴 빨간빛, 아래로 갈수록 파장이 짧은 파란빛이 되지."

왕별이 "입자가 아니라 이번에는 파동이에요? 입자와 파동, 서로 반대되는 것 같은데……."

교수님 "우리 눈에는 바다의 물결과 해변의 모래 알맹이는 전혀 다르게 보이기 때문에 양쪽 성질을 동시에 갖고 있는 빛을 주변에서 흔히 볼 수 있는 물체로 상상하기는 어려워. 하지만 그때그때 상황에 따라서 물결처럼 혹은 알맹이처럼 행동하기 때문에 우리에게 다채로운 모습을 보여주는 거야. 같은 것이라도 무엇을 통해 보느냐, 어떤 장면에서 보느냐에 따라 보이는 모습이 달라지지."

왕별이 "빛의 마술 같기도 하고, 인간의 기분처럼 생각되기도 하고……."

교수님 "그 말대로야. 인간도 물질도 전부 우주의 조각이거든."

블랙홀은 구멍이 아니다?

블랙홀 이야기

강산들 "교수님, 남자친구가 저더러 '블랙홀 같은 여자'라는데 칭찬이에요, 아니면 무시하는 거예요? 한번 의식하니까 머리에서 사라지지 않아요. 수업도 안 들어가고 교수님께 왔어요."

교수님 "자네가 블랙홀이라니, 상당히 대담한 비유군. 남자친구가 무슨 생각으로 그런 비유를 했는지 모르지만 블랙홀을 이해한다면 진심에 가까울 거야. 그런데 자네는 블랙홀이 어떤 거라고 생각해?"

강산들 "우주의 어딘가에서 입을 벌리고 있는 새까만 함정으로, 다가가면 빨려 들어가 두 번 다시 나올 수 없는 곳이라고 들었어요. 가능하면 가까이하고 싶지 않은 느낌이죠. 아니, 그런 의미에서 나한테 블랙홀 같다고 말한 거라면 진짜 화나!"

교수님 "흥분하지 말고 진정해. 사실을 말하면, 블랙홀은 구멍이 아니야. 정확히는 구멍처럼 느껴지는 별이지. 우리는 정체를 볼 수 없기 때문에 그렇게 부르는 거야."

강산들 "'구멍처럼 느껴지는 별'이라는 의미를 모르겠어요."

교수님 "우선 블랙홀이 탄생하는 경위부터 말하지. 인간과 마찬가지로 별도 일생을 마무리하는 방법은 다양해. 어떤 최후를 맞느냐는 크기나 무게에 따라 다른데, 질량이 태양의 3배가 넘는 별은 스스로 폭발해 인생을 마치지."

강산들 "화려한 최후네요."

교수님 "폭발하는 방식도 하나가 아니야. 질량이 태양의 8배 이하인 별은 산산조각 나서 흩어지고, 그보다 무거운 별은 폭발해도 중심 부분이 남아 새로운 별로 다시 태어나지*. 그리고 더 무거운 별, 구체적으로 말하면 무게가 태양의 30배가 넘는 별은 폭발하면 블랙홀이 돼."

강산들 "태양의 30배 이상이라면 얼마나 큰 거예요?"

교수님 "우리가 상상할 수 없을 만큼 거대하지. 그런 별이 폭발하면 거대하고 무거운 중심이 남게 돼. 중심이 무거우면 안쪽으로 향하는 힘이 강해지기 때문에 차츰 찌부러져 오그라들어. 좁은 공간에 무거운 것이 빽빽하게 채워지면 주위 공간에도 영향을 주지. 가령, 매트 위에 커다란 공을 놓아도 매트가 크게 패이지 않지만 똑같은 무게의 작은 공을 놓으면 접촉 부분이 크게 패이잖아. 그와 같은 원리야. 만약 지구가 블랙홀이 된다면 얼마나 쪼그라들어야 하냐면, 약 9mm 정도? 그 정도로 극단적으로 쪼그라들어."

강산들 "지구가 유리구슬처럼 된다는 거예요? 아무리 쪼그라들어도 한계라는 게 있잖아요."

교수님 "그렇기 때문에 엄청난 중력으로 주위의 것들을 집어삼키는 거야. 블랙홀이 보이지 않는 것은 우리가 거기서 빛을 느낄 수 없기 때문이야. 빛조차 강한 중력에 끌려들어가 밖으로 나올 수 없어. 그래서 밖에서는 보이지 않지. 강한 중력이 있다는 것은 빛이 엄청난 속도로 회전한다는 뜻이기도 해. 별 자체가 빛을 내도 밖으로 나오기 전에 왜곡되어 빙글빙글 자기 주위를 돌 뿐이지. 빛이 밖으로 나가지 않으니까 거기에 있는지 어떤지도 분명하지 않아."

강산들 "있는지 없는지도 모르고 보이지도 않는데 어떻게 '있다'는 걸 알 수 있는지, 그게 이해가 안 돼요."

교수님 "바로 그거야. 빛이 나오지 못할 만큼 엄청난 중력은 주변의 별과 가스도 삼켜버려. 그래서 직접 볼 수는 없지만 주변의 것들을 빨아들이는 모습을 통해 거기에 있다는 것을 알 수 있는 거야. 보이지 않는 무언가에 빨려가는 모습이 마치 우주에 뻥 뚫린 구멍이 있는 것처럼 느껴지는 거지."

강산들 "그렇구나. 그 주변의 상황을 통해 알 수 있군요."

교수님 "가령, 한 아이의 말과 행동을 관찰하면 그 부모를 몰라도 그 아이가 어떤 교육을 받았는지, 애정을 충분히 받고 성장했는지, 어떤 부모 밑에서 자라는지 추측할 수 있지. 말하자면 그와 비슷해."

강산들 "네, 뭔지 알겠어요! 그런데 블랙홀 같은 여자란 건 무슨 생각으로 한 말일까요?"

교수님 "혹시 자네가 없는 곳에서 남자들이 술렁거리는 걸 본 게 아닐까? '이렇게 많은 남자들을 매혹하는 여자가 누굴까' 들어봤더니 강산들이었다. 그래서 한 말 아닐까?"

강산들 "에이, 교수님. 그렇게 말하면 기분 좋아지잖아요! 그 친구가 블랙홀을 이 정도로 잘 알고 있다고는 생각하지 않지만, 그런 의미라면 그렇다고 해두죠."

과학 상식 이야기

* **중성자별 :** 태양의 8배 이상으로 발달한 행성이 초신성 폭발을 해서 생겨나는 별. 폭발 후 중성자의 핵 부분이 남기 때문에 이렇게 부른다.

낮의 별은 어디에 있을까?

보이지 않는 빛

교수님 "그러고 보니, 언젠가 자네와 다른 학생들에게 보여주고 싶은 것이 있어."

왕별이 "교수님의 애마 포르쉐요?"

교수님 "그거야 언제든 보여줄 수 있지. 그보다 훨씬 신비로운 거야. 처음 보는 사람 대다수가 탄성을 지르거나 말없이 감동의 눈물을 흘릴 정도로 비일상적인 체험이야."

왕별이 "뭘까……, 너무 궁금해요."

교수님 "하하하, 궁금하지? 바로 대낮에 별을 보는 거야."

왕별이 "대낮에 별이 보여요?"

교수님 "파란 하늘에 달이 떠 있을 때가 있어. 하늘이 아주 맑을 때는 대낮에도 금성이 보이지. 대낮이라고 해서 별이 우주에서 사라지는 것은 아니야. 단지 우리 눈이 그것을 감지하지 못할 뿐, 밤과 똑같이 하늘에서 빛나고 있지."

왕별이 "대낮에는 별을 어떻게 봐요?"

교수님 "밤에 천체 관측을 하는 것처럼 망원경을 사용하면 돼. 우리 눈동자(동공)는 어두운 곳에서 가장 크게 열려도 겨우 7mm 정도야. 그에 비해 망원경 렌즈의 지름은 수십cm에서 큰 것은 수m인 것도 있고, 클수록 멀리 있는 약한 빛도 볼 수 있지. 가령, 평상시 눈동자의 지름을 5mm라고 했을 때 지름 10cm인 렌즈를 사용하면 육안으로 볼 때보다 400배 멀리 떨어진 빛을 볼 수 있어. 지름이 20배가 되면 면적은 400배, 즉 빛을 받는 면적이 400배가 되기 때문인데, 그래서 눈동자에 들어오는 빛이 강해져 밝은 곳에서도 별이 보이는 거지. 돋보기로 태양 빛을 모아 불을 붙이는 것과 같은 원리야. 대낮에 별을 보는 것을 어렵다고 생각하는데, 이치는 간단해."

왕별이 "네, 평소에는 눈에 안 보이니까 특별하다고 생각하는데, 우리가 보이는 것들에 너무 의존하는 건지도 모르겠어요. 그런데 그렇게 사람을 감동시키는 대낮의 별을 말로 표현하면 어떤 아름다움일까요? 백문불여일견이라는데, 정말 궁금해요."

교수님 "파란 하늘의 캔버스에 바늘 끝으로 예리하게 찌른 것 같은 은백색의 빛이라고 해야 할까. 배율을 높이면 가느다란 다이아몬드의 막대 불꽃처럼 보이기도 해. 바람 부는 날은 눈부신 등불이 당장이라도 꺼질 듯 덧없이 흔들리며 타는 것 같지. 아무튼 상상을 뛰어넘는 아름다움이야."

왕별이 "그런데 왜 밤에 보는 별과 다르게 보여요?"

교수님 "어두운 곳에서 사물을 보면, 빛은 잘 감지하지만 색채 식별이 떨어지는 간생세포가 반응해. 그래서 밤하늘의 별은 왠지 붉다거나 푸르다 하는 식으로밖에 식별하지 못하지. 반면에 밝은 곳에서는 빛의 감별력은 떨어지지만 색깔을 식별하는 원추세포가 반응하기 때문에 화려한 색깔로 반짝이는 것을 볼 수 있어. 단, 이 보기 드문 아름다운 별을 볼 수 있는 장소는 한정되어 있어. 왜냐면 일반적인 천문대에서는 밤의 관측에 대비해 망원경 경통 내부의 기류 변화를 막기 위해서 낮의 태양광에 노출되는 것을 피하거든. 그래서 낮의 별을 보기 위한 특별한 관측 시설이 필요해."

왕별이 "낮의 별을 본다는 것은 사치스러운 체험이네요."

교수님 "내가 전에 근무했던 대학에서 낮에 별을 보기 위해 본격적인 천문대를 만들어서 많은 학생이 감동적인 체험을 했어. 대낮에 별을 보는 체험을 한 사람은 낮에도 별이 있다는 것을 잘 아는데, 내가 '대낮에 별 보는 것이 취미'라고 하면 그런 체험을 못 한 사람은 하나같이 난처한 표정을 짓지. 개중에는 '이 사람, 정신 이상한 거 아냐?' 하는 걱정스러운 눈빛으로 보거나 '우주 연구를 하는 사람은 역시 낭만적이야'라고 판타지처럼 넘기는 사람도 있어. 하지만 나는 그들에게 '보이지 않는 빛'을 꼭 보여주고 싶어. 광대한 우주 공간에서 인간의 감각이 얼마나 불완전하고 애매한지 깨달을 수 있거든. 그런데 여기서도 날씨만 맑으면 볼 수 있을 거야."

왕별이 "정말요?"

교수님 "그럼, 정말이지. 맑은 날에 다시 와. 저기 돔이 있는 방에 작은 망원경이 있거든."

우주인은 어디에 있을까?

외계 생명체

왕별이 "교수님의 우주 이야기를 듣다 보니 우주를 소재로 한 영화를 자주 보게 됐어요."

교수님 "우주를 그린 영화는 나도 좋아해. 어떤 영화를 봤는데?"

왕별이 "오래전 영화인데 〈E.T〉, 〈우주전쟁〉, 〈아폴로13〉도 봤고 〈2001년 우주의 여행〉도 봤어요. 2001년은 이미 지나갔는데도 신기했어요. 아, 어떤 일을 계기로 천문학자가 시공을 초월해 우주인을 만나는 영화가 재미있었는데, 그건 교수님도 꼭 보시면 좋겠어요!"

교수님 "사실, 그 이야기의 원작자와는 대화를 나눈 적이 있어. 우주의 공통언어는 뭘까 하고. 수학과 음악이지만…….”

왕별이 “정말요? 와! 설마 그 여주인공도 만났어요?”

교수님 “물론 만났지.”

왕별이 “와-! SNS에 자랑해도 돼요? 지금 능력자 교수님과 같이 있다고.”

교수님 “침착해. 아무튼 그 영화가 마음에 들었다니 나도 기분이 좋군.”

왕별이 “영화 속 천문학자는 우주인의 존재를 믿잖아요. 우주를 연구하는 사람은 우주인을 믿지 않을 거라고 생각했는데 조금 놀랐어요. 역시 우주인은 있구나 하고.”

교수님 “꼭 있다기보다 없다는 증거가 없는 거야. 영화에도 그려졌듯이 ET(지구 밖의 생물) 탐사는 더 이상 공상과학 세계의 이야기가 아니야. NASA를 중심으로 막대한 예산을 들여 본격적인 우주인 찾기*가 이루어지고 있어.”

왕별이 “우주인이 있다면 대체 어디에 있을까요? 우주인 하면 화성에 살 거라는 이미지가 있는데, 그건 왜죠? 어릴 때 화성인이 습격하는 공상과학 책을 읽고 무서워서 못 잔 적이 있어요.”

교수님 “화성은 지구 옆에 있는 가까운 행성이라고 할 수 있지. 크기도 지구와 비슷하고 지구, 수성, 금성과 마찬가지로 암석으로 되어 있어. 그런 점에서 화성에 생명체가 있어도 이상하지 않다고 옛날 사람은 생각했던 것 같아."

왕별이 "지구와 닮은 별이니까 그렇게 생각한 건 자연스러운 일이에요."

교수님 "19세기 말, 망원경으로 화성을 관측한 천문학자들 사이에서 화성에 운하가 있다는 설이 사실인 것처럼 나돌았는데, 운하가 있다는 것은 그것을 만든 사람이 있어야 가능하다며 화성인설이 등장했지."

왕별이 "그래서 어떻게 됐어요?"

교수님 "시대가 변해 망원경의 정밀도가 높아져서 많은 것을 알게 됐고, 탐사선을 직접 화성에 보낼 수 있게 되어 운하는 없다는 사실이 판명됐어. 산소와 물도 지구만큼은 아니어서 생명체가 없다는 것도 확인되었지. 단, 화성에서 생명의 흔적을 찾는 조사는 지금도 계속되고 있어."

왕별이 "현시점에서 화성인은 찾지 못했지만 과거에 존재했을 가능성도 있다는 건가요?"

교수님 "그렇지. 우주인의 존재를 생각할 때는 지구에 생명이 어떻게 생겨났는지 알 필요가 있어. 생명의 시작은 아미노산으로, 식물과 동물에게 필요불가결한 성분이야. 아미노산은 단백질을 만들고, 거기서 다시 세포가 생겨나지. 그렇게 하려면 물이 없으면 안 되는데."

왕별이 "그 말은, 물이 없는 곳에서는 생명은 탄생하지 않는다?"

교수님 "가능성이 낮지. 그런데 겨울철 별자리의 왕좌는 뭐지?"

왕별이 "오리온자리요."

교수님 "정답. 중앙에 나란히 있는 세 개의 별 아래로 소삼태성이라는 별이 있는데, 그 중앙에 M42라는 성운이 있어. 별이 탄생하는 장소이지. 거기서 아미노산이 확인되어서 어쩌면 생명이 생길지 모른다고 추측하고 있어."

왕별이 "오리온성운!"

교수님 "이렇게 해서 우주에는 생명으로 충만할 거라 생각할 수 있는 거지. 이것을 '바퀴벌레 원리'라고 해."

왕별이 "왜 여기서 바퀴벌레가 나와요?"

교수님 "할머니나 어머니한테서 '바퀴벌레가 한 마리 나오면 10마리는 있다고 생각해라' 하는 말 들은 적 없어? 여기에 우리 인간이 살고 있다면 우주 다른 곳에 인간 같은 생명체가 있어도 이상하지 않지. 이것이 바퀴벌레 원리야."

왕별이 "그럼 태양 같은 별이 또 있어요?"

교수님 "많지. 우리가 사는 지구와 태양을 포함하는 은하 안에만도 항성이라는 의미로 말하면 2,000억 개 정도가 있어."

왕별이 "2,000억 개요?"

교수님 "그리고 우주 전체에는 그런 은하가 2,000억 개 정도 있지. 그렇게 생각하면 지구는 절대 특별한 행성이 아니야."

왕별이 "그렇게 우주가 넓다면 지구와 똑같은 쌍둥이별이 있고 우주인이 있어도 전혀 놀랍지 않아요. 없는 것이 이상하죠."

교수님 "지구는 다른 행성인이 봤을 때 우주인이야."

왕별이 "그러네요. 화성인 이야기도 그렇지만 아주 오래전부터 인간은 우주인을 찾고 있잖아요? 대체 언제쯤 진짜 우주인을 찾을 수 있을까요?"

교수님 "그 질문은 나도 자주 듣는데, 대답하기 쉽지 않아. 한 가지 정확히 말할 수 있는 것은 지금 이렇게 우주인 찾기를 계속하지 않으면 발견할 가능성은 제로야. 우주인 찾기는 진지한 과학이고, 만약 우주인을 찾으면 처음 그들과 대화하는 역할을 내가 맡을지도 몰라."

왕별이 "교수님이 인류 대표라는 거예요? 정말 능력자시구나."

교수님 "그러니까 갑자기 내가 보이지 않으면 우주인을 발견했다고 생각하게."

과학 상식 이야기

* **지구외문명탐사 :** Search for Extra-Terrestrial Intelligence(SETI). 외계 지적 생명체에 의한 우주 문명의 존재를 탐사하는 프로젝트. 최초의 SETI는 1960년 여름에 미국 웨스트버지니아주의 그린뱅크에 있는 국립전파천문대에서 이루어진 '오즈마 프로젝트'로 전파에 의한 탐사가 실시되었다.

인간은 혼자서는 살 수 없다?

인간이라는 동물

소행성 "중년이 돼서 이런 말을 털어놓기 뭣하지만, 많은 것에 얽매인 지금 상황에서 도망치고 싶을 때가 있어요. 사람들 눈에는 나름 괜찮은 직장에 다니고 착한 아내와 귀여운 딸도 있는데 대체 뭐가 불만일까 싶겠죠. 실제로 이렇다 할 불만은 없어요. 하지만 모든 것을 내던지고 혼자 있고 싶달까……."

교수 앞에 앉은 소행성 씨는 단숨에 말해버리더니 마치 야단맞은 아이처럼 축 처진 어깨로 바닥을 내려다보았다.

교수님 "행복한지 아닌지와는 관계없이 인간은 혼자이고 싶다는 생각을 해요. 인간은 혼자서는 살 수 없는 생물이기 때문에 그

반동으로 그런 생각을 하는 것일 수도 있어요."

소행성 "인간은 혼자 사는 것이 불가능한가요?"

교수님 "인간이 혼자 살 수 없는 것은 진화 과정에서 운명 지어진 거예요. 인간이 다른 포유류와 크게 다른 점 중 하나로 직립보행을 들 수 있는데, 두 발로 걷게 되면서 몸에 많은 변화가 생겼죠. 개나 고양이 같은 네발 동물이 걷는 모습을 뒤에서 본 적 있나요?"

소행성 "물론 있죠. 퍼그(개의 한 품종)가 O자형 다리로 아장아장 걷는 모습을 보면 저절로 따라가고 싶어져요."

교수님 "조금 특이한 취향이네요. 지금 말했듯이 네발 동물이 다리를 벌리고 O자형으로 걷는 것은 골반의 간격이 벌어져 있기 때문이에요. 인간은 똑바로 서서 걸으면서 골반의 간격이 좁아졌는데 그로 인해 중대한 문제가 생겼죠."

소행성 "골반의 간격이 좁으면 스타일이 좋을 텐데, 뭐가 문제죠?"

교수님 "충분한 넓이의 산도(産道)를 확보하기 어려워졌기 때문에 엄마가 태아를 배 속에서 어느 정도 키워서 출산하는 것이 불가능해졌죠. 배 속에서 머리와 몸을 크게 키우면 출산 때 엄마의 몸이 다칠 위험이 있어요. 그래서 태아의 머리가 엄마 배 속에서 나올 수 있을 만큼의 크기로 키우게 된 거예요."

소행성 "그 기간이 배 속에 있는 시간으로 말하면 임신 40주인가요?"

교수님 "아빠라서 잘 아네요. 산부인과 의사에게 들은 건데, 출산 때 아기의 머리 크기는 보통 3분의 2까지 수축한다고 해요. 작게 오그라들면서 엄마의 몸에 걸리지 않게 빙글빙글 돌며 산도를 빠져나오죠. 아내가 출산할 때 옆에 있었나요?"

소행성 "네……. 그런데 대단하면서도 너무나 놀라운 광경에 그만 도중에 밖으로 나가버렸어요. 그 일로 아내가 지금도 서운해해요."

교수님 "남자 입장에서 '도저히 안 되겠어' 라고 느끼는 것도 무리는 아니에요. 출산은 목숨을 건 행위라 보는 사람도 그만큼 고통을 느끼죠. 아무튼 엄마는 자신이 출산할 수 있을 만큼의 크기로 배 속에서 아기를 키우는데, 골반 사이가 좁아졌기 때문에 충분히 키울 수는 없어요. 그래서 포유류 가운데 인간만이 유일하게 미숙아 상태로 출산하게 되었어요."

소행성 "하긴 망아지도 태어난 직후에는 미숙해 보이지만 몇 시간 후에는 스스로 일어서잖아요. 우리 딸은 의자를 잡고 일어서기까지 8개월이 걸렸거든요."

교수님 "갓 태어난 아기는 미숙아, 즉 완전히 자란 상태는 아니어서 엄마는 필연적으로 아기에게만 매달리게 되죠. 동시에 아기를 키울 장소와 음식도 확보해야 해요. 엄마 혼자서는 당연히 한계가 있어 아빠를 비롯해 주위 사람들의 도움이 필요합니다. 그 협력체제가 부부이고 집락이고 마을이고, 국가라는 단위죠. 이처럼 인간은 자손을 늘린다는 가장 기본적인 행위 단계에서 이미 혼자서는 살 수 없게 되어 있어요."

소행성 "혼자 있고 싶다는 어린아이 같은 생각을 한 제 자신이 부끄럽네요. 오늘은 얼른 집에 가서 아내와 딸과 함께 시간을 보내야겠어요."

귀가 밝은 것은 공룡 때문이다?

청각의 발달

강산들 "교수님 자동차는 포르쉐잖아요. 그거 몰면 폼 나지 않아요? 한번 타보고 싶어요. 포르쉐를 타고 드라이브해보고 싶었거든요. 물론 남자친구가 운전하면 최고지만 지금 남자친구가 포르쉐를 몰려면 10년 지나도 힘들 것 같아서 교수님 포르쉐로 꿈을 이뤄볼까 해요."

교수님 "자네가 차를 좋아하는 줄 몰랐어."

강산들 "차가 아니라 포르쉐에 관심이 있어요."

교수님 "그런가. 자네도 언젠가 포르쉐를 몰면 되지. 예전에 내가 독일의 아우토반(독일의 자동차 전용 고속도로)을 달리는데, 한

부인이 운전하는 포르쉐가 내 옆을 쌩, 추월해 가는 거야. 거기에 홀딱 반해서 나도 포르쉐를 타자고 결심했지."

강산들 "멋지다, 그 여자분."

교수님 "그런데 내가 포르쉐를 타는 걸 어떻게 알았지? 중고이긴 해도 눈에 띄기 때문에 가급적 학교에 타고 오지 않는데."

강산들 "제가 귀가 밝거든요. 여기저기서 정보가 들어와요."

교수님 "자네는 인간의 귀가 어떻게 그렇게 정밀하게 만들어졌는지 알아?"

강산들 "귀가 밝은 이유요?"

교수님 "그보다 청각이 발달한 이유. 친구 중에 오랫동안 침팬지 연구를 하는 대학교수가 있는데, 늘 늦게 퇴근하다 보니 아들과 보내는 시간을 거의 내지 못했어. 한 번은 아들 생일날에 모처럼 일찍 집에 들어갔더니 아들이 사준 지 얼마 안 된 공룡 장난감을 손에 들고 '아빠다, 아빠! 캬아, 캬아!' 하고 반갑게 맞아주었대. 그런데 친구는 한편으로 의문이 들더래. 정말 공룡이 캬아, 캬아 울었을까 하고."

강산들 "뭐예요, 그게? 재미있긴 하지만."

교수님 "연구자의 천성인 거야. 그 일을 계기로 그는 침팬지에서 공룡으로 연구 대상을 바꿨고, 후에 큰 발견을 했지. 화석을 조사해보니 공룡의 야간 시력과 청력이 매우 약하다는 것을 알게 된 거야. 참고로 공룡은 2억 3,000만 년 전에 탄생해서 1억 6,000만 년 동안 지구상에 생존했다고 해."

강산들 "그렇게 오래 살았다니, 의외예요. 인류의 탄생은 언제쯤이에요?"

교수님 "인류의 탄생은 불과 400만 년 전이니까 공룡에 비해 짧지. 공룡 천하였던 시대에 우리 인간, 아니 포유류의 조상은 생쥐 정도의 크기였어. 그들은 주위가 밝을 때 움직이면 커다란 공룡에게 밟히기 때문에 공룡이 잠든 밤에 활동할 수 있도록 청각을 발달시켜 생존했어. 야간에는 시각에 의존할 수 없는 만큼 청각이 매우 중요하지. 지금도 우리는 어두운 곳에 가면 저절로 귀를 기울이게 되잖아. 어둠 속에서 귀를 막으면 만족스럽게 걷는 것조차 힘들어. 청각의 발달*은 뇌의 진화도 가속시켰어."

강산들 "공룡이 그렇게 오래 지구에서 살아준 덕분에 포유류의 조상은 청력이 발달한 거군요. 확실히 포유류는 귀가 밝은 것 같아요. 개나 고양이처럼 인간보다 귀가 밝은 포유류가 얼마든지 있잖아요."

교수님 "우리에게는 오감이라는 5가지 감각이 있지. 그건 자네도 잘 알 거야."

강산들 "시각, 청각, 후각, 촉각, 미각이죠? 그 정도는 알아요."

교수님 "엄마 배 속에 있는 태아는 이들 감각 중 어느 감각을 사용할까?"

강산들 "일단 전부 사용하지 않을까요?"

교수님 "정말 그럴까? 태내는 어두워서 보는 기능은 필요하지 않아. 미각과 후각은 음식을 먹거나 그 음식이 안전한지 어떤지 확인할 때 중요한 기능을 하는데 배 속에서는 엄마의 태반을 통해 영양분을 섭취할 수 있기 때문에 두 감각 모두 필요하지 않아. 촉각은 엄마의 젖을 먹을 때, 즉 젖꼭지를 찾기 위해 사용하는데, 이것 역시 배 속에서는 필요하지 않아. 마지막으로 남는 것이 청각이야. 배 속의 태아는 소리를 들을까?"

강산들 "그러고 보니 저희 언니가 임신했는데, 배 속 아기한테 말을 걸거나 음악을 들려줘요. 아기의 귀가 들리지 않으면 그렇게 열심히 하지 않을 것 같은데. 하, 이 나이에 벌써 이모가 된다니, 너무 심하지 않아요?"

교수님 "그랬군, 축하할 일이야. 태아에게는 귀를 통해 들어오는 정보만이 외부 세계와의 접점이라고 할 수 있어. 태아는 엄마의 배 속에서 엄마의 심장 소리와 혈액이 흐르는 소리에 안심하고 쑥쑥 크지. 물론 밖에서 들리는 음악과 엄마의 목소리에도 귀를 기울일 거야. 청각은 배 속에 있을 때부터 다른 기관보다 오랜 시간을 거쳐 만들어지므로 가장 근원적인 기관이라고 할 수 있어."

강산들 "귀가 밝은 것도 그런 이유가 있군요!"

과학 상식 이야기

* **청각의 발달** : 청각은 오감의 하나로, 소리를 감지해내는 감각을 의미한다. 인류의 탄생은 불과 400만 년 전으로 공룡에 비해 짧다. 공룡 천하였던 시대, 포유류의 조상은 생쥐 정도의 크기였다. 그들은 주위가 밝을 때 움직이면 커다란 공룡에게 밟히기 때문에 공룡이 잠든 밤에 활동할 수 있도록 청각을 발달시켜 생존해왔다. 야간에는 시각에 의존할 수 없는 만큼 청각이 매우 중요하다. 청각의 발달은 뇌의 진화도 가속시켰다.

소리는 글보다 많은 것을 말한다?

말과 소리

교수님 "어서 오게나. 오자마자 한숨 쉬는 걸 보니 무슨 일이 있는 것 같은데?"

김우주 "여자친구의 문자 메시지가 사귀기 시작했을 때보다 확실히 단순해졌어요. 이전에는 내용도 길게 정성껏 보냈거든요. 연속해 주고받을 때도 꼭 여자친구가 보내고 끝나는 경우가 많았는데 최근에는 바뀌었어요. 나에 대한 애정이 식은 걸까요? 겁이 나서 직접 묻지도 못하겠어요."

교수님 "휴대전화로 주고받는 메시지는 역사가 짧은 만큼 충분한 커뮤니케이션 수단은 아냐. 젊은 학생들은 휴대전화를 잘 활용하는 것 같은데, 나는 그렇지 못해."

김우주 "역사는 짧지만 저희 세대에게 문자 메시지는 제가 철들 무렵부터 존재했으니까요."

교수님 "그래. 매우 편리하지만 사용법에 주의해야 해. 인간이 말을 할 수 있게 된 것은 두 발로 걷게 된 것이 계기라고 해. 두 발로 걷게 되고 목이 지구의 인력으로 길어져서 다양한 소리를 발성할 수 있게 되었지. 이것이 말의 발명으로 이어졌고 그 후 문자가 생겨난 건데, 문자는 말을 형태로 남기는 장점이 있는 반면 내용뿐이라서 감정을 읽어내기 어려운 것도 사실이야. 가령, '미안해'라고 한 마디 쓰인 메시지를 받아도 그 사람이 정말 미안해하는지 형태뿐인 사과인지 식별하기 어렵지. 그러나 전화로 직접 통화해서 '미안해' 하고 말하면 명확히 알 수 있지. 특히 잘 아는 상대라면 이야기의 내용과는 관계없이 음색만으로 그 사람의 기분이나 상태를 알 수 있지. 최근 연구를 보면, 말이 발달하기 전의 커뮤니케이션 수단은 소리였다고 할 정도니까."

김우주 "저는 전화 통화는 별로예요. 문자 메시지는 언제 보내도 괜찮지만 전화는 시간에 방해받고, 대화 도중에 '틈'이 생기면 상대의 표정이 안 보이는 만큼 마음이 불편해요. 그래서 지방에 계신 엄마한테도 용건이 있으면 문자로 보내라 했고,

여자친구와도 문자를 주고받는 게 편해요. 얼굴을 마주하고 말하면 스트레스를 덜 받겠지만요."

교수님 "어머니는 멀리 떨어져 있는 만큼 자네 목소리를 듣고 잘 있는지 확인하고 싶지 않을까? '잘 있어요' 하는 한 마디에서 엄마는 그게 진심인지 아닌지 알 수 있으니까. 거짓말 탐지기라는 것이 있어. 거짓말을 하면 식은땀이 난다고 해서 몇십 년 전에는 피해자의 몸에 약한 전류를 흘려 그 전기저항의 변화로 땀의 양을 측정해 거짓말을 하는지 판단했지. 그러나 지금은 목소리로 확인해. 긴장하면 목소리가 떨리거나 높아지기 때문에 쉽게 속일 수 없지."

김우주 "사실은 저도 목소리가 들떠서 거짓말이 탄로난 경험이 있어요. 맞다, 그래서 전화 통화를 싫어하는 걸 수도 있어요."

교수님 "그런 일이 있었군. 그런데 글은 때로 매우 애매한 정보를 주지. 가령, '나는 거짓말쟁이다 하고 나는 말했다' 하는 문장에 대해 생각해보세. 만일 '나'가 거짓말쟁이라면 '나는 거짓말쟁이다' 하고 말한 것은 거짓말이 되지. 하지만 결국에는 정직한 사람이 되어버리는 거야. 반대로 '나'가 정직한 사람이었다면 '나는 거짓말쟁이다'라고 말하는 것은 정직한 사람임에도 불구하고 거짓말이 되어버리므로 참으로 애매한 문장이 돼. 따라서 말에 지나치게 얽매이면 뜻하지 않은 오해가 생길 우려가 있어. 선거철이 되면 후보자들이 빠짐없이 거리 연설을 하지? 그들의 공약과 주장에 귀를 기울이는 것은 물론 중요하지만, 그 이상으로 목소리가 그들의 진심을 말하고 있다고 나는 생각해."

김우주 "그거 재미있는 발상인 걸요. 저도 선거할 수 있는 나이가 되었으니 후보자들의 목소리에 귀를 기울여야겠어요."

교수님 "어쩌면 자네 여자친구는 문자 메시지보다 전화로 소통하고 싶은 게 아닐까? 메시지 내용이 너무 담백해서 기분 상한 게 아닐까? 막상 전화해보면 별일 아닌 일이 되어버리는 건 연애뿐만 아니라 업무나 교우관계에서도 흔한 일이야. 문자만으로 상대의 진의를 헤아리는 것은 오해를 부르기 쉽지. 특히 여성은 말 못 하는 갓난아기의 상태를 울음소리만으로 판단하도록 진화했기 때문에 시각보다 청각에 더 예민할 수도 있어."

김우주 "여자친구가 문자 메시지로 소통하는 걸 싫어할 수 있겠다고 생각한 적도 있어요. 제가 전화 통화를 싫어한다는 걸 알기 때문에 사실은 통화하고 싶은데도 제게 맞춰준 걸지 몰라요. 오늘 밤은 전화를 걸어봐야겠어요. 여자친구한테도, 엄마한테도."

교수님 "그게 좋겠어."

오감의 세계가 전부가 아니다?

지각할 수 없는 우주

이태양 “교수님은 영감(靈感)이란 게 있어요?”

교수님 “글쎄. 영적인 감각을 말하는 거라면 지금까지 유령을 본 적은 없어. 하지만 그게 뭐였을까 하는 신기한 체험은 한 적 있지. 사람 하나 겨우 지날 정도의 좁은 산길에서 내 몸을 사람이 통과한 것 같은 느낌이랄까?.”

이태양 “오, 정말이에요?”

교수님 “아주 생생해서 나중에 소름이 쫙 끼쳤어. 자네는?”

이태양 “저도 유령을 보거나 느낀 적은 없는데, 스무 살 때까지 유령을 못 보면 평생 못 본다는 소문을 들었어요. 내년이면 스무 살이라서 한번 보고 싶긴 해요. 교수님은 인류 대표로 우주인을 만나야 하는 입장이니까 유령을 상대로 연습해두셔야 하지 않을까요? 충격도랄까, 상대의 행동을 읽을 수 없다는 의미에서 우주인과 유령은 꽤 가까운 것 같은데. 영감이 강해지는 방법은 없나요?"

교수님 "영감은 오감을 뛰어넘는 육감, 즉 식스센스야. 만일 육감이 작동하면 유령을 볼 수 있을 뿐만 아니라 미래의 일을 맞히고 제삼자의 마음을 읽어내는 등 많은 것을 할 수 있지. 육감이 정말 존재하는지 어떤지 모르지만 인간의 오감으로 느끼는 세계가 전부가 아닌 것은 사실이야."

이태양 "제가 듣고 싶은 게 바로 그 말이에요!"

교수님 "우리 눈에 보이는 세계는 다양한 색채로 넘쳐나는데 그것은 빨강부터 보라까지 제한된 빛의 파장이 만들어내는 풍경에 불과해. 우주는 우리 눈에 보이지 않는 빛으로 가득하지. 가령, 많이 듣는 적외선과 자외선이 있어. 적외선은 눈에 보이는 빛 가운데 가장 파장이 긴 빨강보다 파장이 더 길지."

이태양 "휴대전화의 적외선 통신*에 사용되었던 것도 역시 같은 빛인가요?"

교수님 "맞아. 인간의 눈에 보이지 않기 때문에 도둑 같은 침입자를 감지하는 센서에도 사용되지."

이태양 “하지만 〈루팡 3세〉(1967년 일본의 〈만화 액션〉에 연재한 만화와 그를 바탕으로 한 애니메이션)는 저택 안에 둘러처진 적외선을 전부 빠져나가요.”

교수님 “반대로 자외선은 눈에 보이는 빛 가운데 가장 파장이 짧은 보랏빛보다도 더 파장이 짧아. 피부를 태우는 원인이 되기 때문에 자외선으로부터 피부를 지키기 위해 다양한 제품이 개발되었지. 그래서 ‘자외선은 나쁘다’는 이미지가 강한데, 사실 자외선에는 살균 효과도 있어. TV와 라디오 전파는 적외선보다 파장이 길고, 엑스레이 사진에 사용되는 X선은 자외선보다 파장이 짧은 빛이야. 그 외에도 방사선과 γ(감마)선도 눈에 보이지 않는 빛의 일종이지.”

이태양 “모든 빛이 보이면 미쳐버릴 것 같아요.”

교수님 “지금 보이는 세계와는 전혀 다른 세계가 보이겠지. 반면에 귀는 어떨까? 일반적으로 인간의 귀가 들을 수 있는 음역은 9옥타브 정도야. 빛의 파장에서 눈에 보이는 빨강부터 보라까지의 범위를 옥타브로 바꾸면 겨우 1옥타브밖에 안 돼. 이것만으로도 귀는 눈보다 감각기관으로서 매우 뛰어나다는 것을 알 수 있지.”

이태양 “굉장한 차이네요.”

교수님 “눈보다 귀가 뛰어나다고 할 수 있는 이유는 또 있어. TV의

액정 디스플레이와 디지털 사진의 색깔은 RGB라는 방식으로 표시하는데, 빨강(Red)과 초록(Green)과 파랑(Blue)의 조합으로 재현되지. 우리가 어떤 색깔을 보고 빨강과 초록과 파랑이 각각 몇 퍼센트씩 포함되었는지 순식간에 대답하기는 어지간한 프로가 아니면 어려워. 그러나 소리의 경우는 피아노로 여러 개의 건반을 동시에 쳐도 어느 음이 울렸는지 개별적으로 가려낼 수 있어."

이태양 "저도 피아노는 배워서 그런 퀴즈는 자신 있어요."

교수님 "이렇게 인간의 오감 가운데 귀는 상당한 우등생이라고 할 수 있지만, 초음파로 대화를 하는 돌고래나 박쥐의 소리는 사람의 귀에 들리지 않아."

이태양 "궁금해서 그러는데요. 눈이 굉장히 좋은 사람과 귀가 잘 들리는 사람이 보통 사람은 판별할 수 없는 것을 보거나 들으면 영감으로 착각할 수도 있겠네요."

교수님 "그 가능성이 전혀 없진 않지. 나는 어릴 적 이런 일이 있었어. 어느 유명한 시각장애인 음악가가 우리 집에 놀러 왔을 때야."

이태양 "가볍게 말씀하시지만, 왠지 교수님은 굉장한 집안에서 태어났을 것 같아요."

교수님 "그런가? 나는 그때 유치원생이었는데, 어머니가 그 교수님에게 인사하라고 해서 '안녕하세요' 하고 인사를 했어. 그랬더니 교수님이 내 머리를 쓰다듬으며 부드러운 목소리로 '그래, 오늘은 아주 예쁜 달이 떴구나' 하고 말하는 거야. 그걸 들은 어머니는 깜짝 놀랐지. 왜냐면 그 교수님의 말대로 환하고 예쁜 달이 뜬 날이었는데, 교수님은 태어날 때부터 앞을 전혀 볼 수 없는 분이었거든."

이태양 "진짜 틀림없는 식스센스다!"

교수님 "그런데 아냐. 그럼 어떻게 달밤인 걸 알았을까, 그 답은 내가 연구자가 된 후에 깨달았지. 달이 환한 밤은 기온과 습도와 풍향 등의 기상 조건이 있는데 느낌으로 그걸 알게 된 게 아닐까 짐작하고 있지. 그 정도의 청각이니 굉장하지."

이태양 "세계적으로 활약하는 시각장애인 피아니스트도 있잖아요."

교수님 "맞아, 그 젊은 피아니스트도 몇 번 만난 적이 있는데 이런 말을 했어. '나에게는 이 피부 바깥쪽 전부가 우주입니다.' 그 말을 듣고 그는 우주에 밀착해 있어서 아주 친근하게 느끼고 있구나, 놀랐지. 현대인은 보이는 것에 지나치게 얽매여 있어. 눈에 보이는 것이 전부라고 의심하지 않기 때문에 중요한 것을 놓칠 가능성이 있지. 보이지 않는 부분, 들리지 않는 부분에도 세계가 펼쳐져 있다는 것을 의식하고 그 세계를 느끼려 하는 것. 자연과학의 세계에서 식스센스는 오히려 그런 감각일지도 몰라."

이태양 "그렇구나, 뭐든 초자연적인 현상으로 생각하면 안 되겠어요."

교수님 "독일 낭만주의 대표 시인인 노발리스(Novalis)가 이런 말을 했지. '보이는 것은 보이지 않는 것에 닿아 있고, 들리는 것은 들리지 않는 것에 닿아 있다……생각나는 것은 생각나지 않는 것에 닿아 있다……' 고."

과학 상식 이야기

* **적외선 통신 :** 가시광선과 밀리미터파 사이에 있는 적외선을 이용해 근거리에서 무선으로 데이터를 전송하는 통신기술. Wi-Fi 등의 무선통신이 안 되었던 예전에는 적외선 통신이 되는 휴대전화가 흔했다.

기분 좋은 리듬과 속도란?

소리와 리듬

교수님 "왕별이, 오늘 많이 피곤해 보이네."

왕별이 "죄송해요. M 교수님 연구 모임이 있는 날은 이상하게 피곤해요. 모임의 내용 자체는 정말 흥미로워요. 그런데 M 교수님은 머리가 좋으시다고 할까, 성격이 급해서 교수님의 속도에 따라가기 힘들어요. 롤러코스터를 탄 것은 좋은데 튕겨 나가지 않으려고 필사적으로 매달려 있는 느낌이라서 모임이 끝나면 늘 힘이 빠져요."

교수님 "힘들겠군. 그럴 때는 홍차를 마시며 잠시 쉬어가는 게 제일이야."

왕별이 "고맙습니다. 저는 어릴 때부터 느긋하다거나 느리다는 말을 자주 들었어요. 그래도 그게 저의 원래 속도니까 다른 사람이 지적해도 '그래' 하고 넘겨버릴 뿐 딱히 불편하다고 느낀 적은 없는데 M 교수님의 속도에는 솔직히 당황스러워요. 같은 인간인데 이렇게 다른가 하지요."

교수님 "사람에게는 각자 자신만의 리듬이 있어. 엄마 배 속에 있을 때 태아가 가장 안심할 수 있는 리듬은 엄마의 심장 소리야. 또 갓 태어난 아기를 어르거나 재울 때 엄마는 아기의 몸을 가볍게 톡톡 두드리거나 쓰다듬지. 사람은 그때의 리듬을 평생 잊지 못한대. 인간에게 리듬은 그 정도로 중요해서 나이가 들어 노래가사를 깜빡하고 멜로디를 잊어버려도 리듬의 기억만큼은 끝까지 남아."

왕별이 "리듬은 단순한 만큼 기억에 남기 쉽군요."

교수님 "맞아. 좀 더 말하면, 리듬은 보이지 않는 시간을 측정하지. 또 살아 있다는 것은 자기 고유의 시간 자체를 만들어내는 거니까. 단, 기분 좋게 느끼는 리듬은 나이에 따라 달라. 젊은 사람은 속도가 빠른 록 뮤직을 좋아하고 나이들수록 느린 곡을 듣게 되는 것이 좋은 예지. 다시 말하는데, 인생은 시간, 리듬을 만드는 거야. 노인에게는 그 경향이 현저히 나타나는데, 말하는 속도나 리듬이 그 사람의 리듬에 맞지 않으면 알아듣지 못하는 경우가 있어. 특히 치매를 앓는 노인들은 뉴스를 잘 알아듣지 못할 때가 많다고 해. 왜냐면 아나운서가 뉴스 원고를 읽는 속도가 건강인에 맞춘 거라서 치매를 앓는 사람에게는 너무 빠르게 느껴지지 때문이야."

왕별이 "훈련을 받은 아나운서의 속도도 빠르게 느낀다니 놀랐어요."

교수님 "그래서 일대일로 대화할 때는 특히 상대의 눈과 손의 움직임을 보고 어느 정도의 빠르기를 갖고 있는지 파악해서 가능한 그 리듬에 맞춰 말하는 배려가 필요해. 이것은 음악요법에서도 매우 중요해. 음악요법이란 음악을 통해 그 사람의 잠재능력을 끌어내어 몸의 기능을 개선하고 활발하게 하는 치료의 일종이야. 같은 음악이라도 사람에 따라 듣기 편하고 부르기 편한 리듬이 존재하기 때문에 건강한 사람이 '노래합시다' 하고 일방적으로 음악을 틀어주는 것은 효과적인 치료라고 할 수 없어. 자신의 리듬으로만 상대와 소통하려는 것은 강요가 되기 때문에 제대로 소통할 수 없지. '공감'의 진짜 의미는 상대의 시간에 공감하는 것이고, 그것이 진짜 배려야."

왕별이 "자신의 리듬과 상대의 리듬을 같다고 생각해선 안 되는군요."

교수님 "그렇지. 사람에 따라 성격이 다르듯 리듬과 속도도 천차만별이야."

왕별이 "그렇게 생각하면 소통이란 사람마다 다른 악기를 사용해서 다양한 리듬으로 음악을 연주하는 거라고 할 수 있겠어요. 때로 상대에게 속도를 맞춰보기도 하고, 상대가 자신에게 맞춰주기도 하면서 멋진 음악을 연주했을 때 비로소 만족스러운 소통이 이루어지는 게 아닐까요?"

교수님 "아주 훌륭한 비유야."

왕별이 "제가 이곳에 자주 오는 것도 교수님이 갖고 있는 리듬을 기분 좋게 느끼기 때문이란 걸 이해했어요. 덕분에 우울했던 기분이 밝아졌어요."

보름달이 뜨는 날은 예민해진다?

달의 주기와 여성

김우주 "여기서 점심 먹어도 돼요?"

교수님 "어서 와, 김우주. 도시락 사왔어?"

김우주 "도시락이라고 해봤자 편의점 샌드위치예요."

교수님 "샌드위치 하면 나는 후르츠 샌드위치를 좋아해. 값은 약간 비싸지만 먹는 것만으로도 행복해질 수 있거든. 나중에 꼭 한번 먹어봐. 그리고 또 하나, 망고 카레도 먹어봐."

김우주 "망고 카레요?"

교수님 "아주 부드럽고 달콤하고 맛있어. 나중에 여자친구랑 데이트 겸해서 꼭 가봐."

김우주 "그게…… 데이트 약속을 했는데, 여자친구가 사흘 전에 데이트를 취소하자며 전화를 했어요. 무슨 급한 일이 생긴 거냐고 물었더니 그런 건 아니라면서도 이유를 정확히 말하지 않잖아요. 그래서 '만날 수 없는 이유가 뭐냐'고 거듭 물었죠. 그러자 마지못해 '그날은 보름달이 뜨는 날이라서'라는 거예요."

교수님 "아, 그래서 자네는 뭐라고 했는데?"

김우주 "완전 바보 취급을 당한 것 같아서 '보름달이 떠서 만날 수 없다는 게 무슨 말이냐. 거짓말을 하려면 더 그럴듯하게 해라' 했죠. 그러니까 '너는 여자를 모른다. 보름이 가까워지면 예민해져서 데이트를 즐길 수 없다!'며 소리를 지르지 뭐예요. 그래서 '보름이 아니어도 충분히 예민한 것 아니냐'고 쏘아붙였죠. 그랬더니 더 이상 말할 기분이 아니라며 여자친구가 일방적으로 전화를 끊었어요. 솔직히 저는 달의 차고 이지러짐 따위는 한 번도 생각해본 적 없거든요. 물론 그것으로 기분이 좌우되지도 않고요. 그래서 처음에는 여자친구의 말을 믿지 않았는데, 혹시 제가 여자친구의 마음을 전혀 이해하지 못한 게 아닐까 불안해요 ……. 교수님, 정말 그런 게 있어요?"

교수님 "그런 일이 있었군. 결론부터 말하면 '있다'고 할 수 있어."

김우주 "네?"

교수님 "달의 주기, 즉 삭이 보름이 되고, 다시 삭으로 돌아오기까지 걸리는 시간은 약 29.5일이야. 달은 그 정도 시간을 갖고 지구 주위를 한 바퀴 돌지. 그리고 달이 차고 이지러지는 것은 태양과 달의 위치관계가 변화하는 것으로 일어나. 구체적으로는, 지구에서 봤을 때 달과 태양이 같은 방향에 있을 때는 달이 태양 빛을 받는 부분은 지구에서 볼 수 없기 때문에 삭이 되지. 그 달이 서서히 움직여 태양빛을 받는 부분이 늘어나면 하루하루 달이 커지는 것처럼 보이는 거야. 그리고 지구에서 보는 달의 표면 전체가 빛을 받으면 보름달이 돼. 그 후는 태양빛이 닿는 부분이 다시 차츰 줄어들어 최종적으로 삭이 되는 주기를 반복하지. 그렇게 눈으로 확실히 볼 수 있는 달의 변화는 오랜 옛날부터 인간에게 '시간의 잣대'였어."

김우주 "그런데 그게 여성과 무슨 관계가 있어요?"

교수님 "달의 주기와 여성의 몸의 리듬에는 고대부터 형성된 단순명쾌한 연관성이 있어. 전기가 없던 시절, 달빛은 인간에게 전등이나 다름없었어. 달빛이 있으면 낮뿐만 아니라 밤에도 나름대로 활동할 수 있지. 그중에서도 가장 밝은 보름달이 되면 남자들은 기다렸다는 듯이 사냥감을 찾으러 나갔어."

김우주 "늑대인간은 아니지만 보름달이 뜨는 날은 묘하게 기분이 들뜨고, 활동적이 된다고 하죠."

교수님 "그에 반해 초승달은 천연 전등이 정전이 된 상태라고 할 수 있지. 전기가 있는 생활에 익숙한 현대인은 어둠을 체험할 기회가 거의 없지만, 달이 없는 밤은 밖에 나가는 것도 불가능할 만큼 칠흑 같은 어둠이었을 거야. 그래서 초승달이 뜨는 날은 집 안에 있을 수밖에 없지. 집 안에만 있으면 아기를 만들 가능성이 높아져. 그 사정은 자네도 잘 알지?"

김우주 "아, 네……. 정전일 때는 출생률이 올라가는 것과 같죠."

교수님 "그래서 달의 주기와 여성의 임신 가능 주기, 즉 월경주기는 일치하는 경향이 있어. 대개의 현대인은 사냥을 하지 않게 되었고, 고대인들처럼 예리한 감각을 갖고 있는 사람은 거의 없어. 그래서 달의 주기를 전혀 의식하지 않는 여성이 많아진 것도 이상한 것은 아냐. 그러나 날씨가 흐려 달이 보이지 않아도 자신의 몸의 상태로 월령(月齡)*을 정확히 파악할 수 있는 현대 여성도 있다고 들었어. 반면에 월령을 감지하는 능력을 갖고 있는 남성은 여성에 비해 상당히 적지."

김우주 "역시 여성이 갖기 쉬운 능력인가요?"

교수님 "그래. 아기를 출산할 수 있는 여성이기 때문에 갖기 쉬운 능력이라고 할 수 있어."

김우주 "여자친구가 말한 대로 저는 여자를 전혀 이해하지 못했네요. 제가 심했던 것 같아요."

교수님 "이성을 이해하는 것은 나이 들어도 어려워. 오히려 이해하지 못하는 경우가 더 많을 거야. 그런 때는 우선 상대를 받아들이고 신뢰하는 것이 이해를 위한 첫걸음이야."

김우주 "순순히 사과해야겠어요. 그런데 사과는 늘 제가 해요."

과학 상식 이야기

* **월령(月齡) :** 지구에서 보았을 때, 태양 빛을 받는 부분이 달라지면서 변화하는 달의 겉모습을 1일 단위로 표시한 것

이 세상에 제멋대로인 인간은 없다?

규칙성과 필연성

강산들 "교수님은 젊었을 때 인기 많았어요?"

교수님 "강산들, 갑자기 무슨 소리야?"

강산들 "지금은 성실해 보이지만 젊었을 때는 놀지 않았을까 싶어서요."

교수님 "그렇지 않아. 하지만 나 때문에 운 여성은 있지. '신기루가 너무 좋아서 너무 미워!'라며. 이 모순된 표현, 정말 기가 막혀!"

강산들 "와, 교수님, 나쁜 남자군요!"

교수님 "다 유치원 때 일이야. 친한 여자친구가 한 그 말을 지금도 기억하는데, 왜 울렸는지는 기억이 안 나."

강산들 "꼬마 플레이보이였군요."

교수님 "플레이보이를 좋아하나?"

강산들 "아뇨, 여성을 대하는 방법을 어느 정도 알면 좋겠지만, 그래도 너무 능숙한 건 별로예요. 지금까지 제가 사귄 남자는 제멋대로인 사람들뿐이었어요. 그래서 이번에는 그런 남자가 아닌 것 같아 사귀어봤는데, 조금 시시해요."

교수님 "그래? 지금까지 사귄 사람들은 어떤 점이 제멋대로였지?"

강산들 "시간을 안 지키고, 거짓말하고, 자신이 한 말을 기억 못 하고, 여자에게 지분거리는 버릇이 있고, 무슨 일이 생기면 남 탓하고, 남자답지 못하고……, 아직 많은데 대충 그런 느낌이에요. 제대로 된 남자는 사귀어보질 못했어요."

교수님 "자유분방해 보이는 자네도 나름 고생했군. 그런데 나는 이 세상에 제멋대로인 인간은 없다고 생각해."

강산들 "그건 교수님이 반듯하니까 그렇죠. 적당히 하고, 엉망진창인 사람이 얼마나 많은데요."

교수님 "그럴 수도 있겠지만……. 가령, 동전을 던져 앞면이 나온 횟수와 뒷면이 나온 횟수를 각각 종이에 적는다고 하세. 앞—앞—뒤가 될 때도 있고 뒤—앞—뒤—뒤—앞이 될 때도 있을 거야. 앞과 뒤가 나오는 데는 규칙성도 없고 제멋대로인 것 같지만 많이 던질수록 앞면과 뒷면이 나오는 횟수는 같은 값에 근접하지. 제멋대로 던지는데 왜 그렇게 될까?"

강산들 "그야 앞과 뒤, 각각 나올 확률이 1/2이니까."

교수님 "중학교 수학 시간에 배운 원주율 기억해?"

강산들 "3.1415…… 그거잖아요."

교수님 "계속 이어지는 그 수열은 전혀 규칙성이 없고 제멋대로지. 그런데 그렇기 때문에 모든 것을 포함하는 거야. 가령 내 생일은 1945년 1월 31일인데, 19450131이라는 숫자의 나열이 원주율 수열 어딘가에 반드시 나와. 자네 생일도 휴대전화 번호도 원주율의 어딘가에 있어."

강산들 "정말요? 어떻게 그런 일이 일어나죠?"

교수님 "제멋대로라서 일어나는 거야. 사실 우주는 제멋대로가 아니면 성립할 수 없어. 우리 주위에 있는 건물, 자동차, 동물, 식물은 전부 눈에 보이는 '형태'라는 질서 속에 존재하지. 그러나 마이크로 세계에서 보면 그것들은 전부 원자, 분자로 이루어졌고, 형태가 있는 것은 시간이 경과하면 반드시 사라지게 돼. 어떤 것이든 언젠가 원자, 분자로 분해되어 우주 공간을 제멋대로 떠다니게 되는 거야."

강산들 "제행무상(諸行無常. 우주 만물은 항상 돌고 변하여 잠시도 한 모양으로 머무르지 않음을 이르는 불교 교리)의 울림이요, 땡!인 거네요.

교수님 "즉 모든 물질의 세계는 아무렇게나 제멋대로의 방향을 향해 움직이고 있다는 게 되지."

강산들 "그럼 우리 인간도 제멋대로라는 건가요?"

교수님 "인간도 언젠가는 원자, 분자로 분해되어 흔적도 없이 사라지니까 길게 보면 만물과 마찬가지로 제멋대로의 방향으로 움직이겠지. 그러나 '산다'는 생명활동은 제멋대로인 우주의 움직임에 저항해 질서를 유지하려는 움직임이라고 할 수 있어. 따라서 살아 있는 인간 중에 제멋대로인 인간은 없어. 그 증거로, 인간은 살아 있는 한 규칙적으로 심장을 움직여 박자를 새기지. 박자가 멈춰버리는 것은 죽음을 의미하고, 죽은 육체는 이 세상에서 사라져. 그래서 '제멋대로인 사람'이라는 표현은 물리학자에게는 이상하게 들려. 아무리 시간을 안 지키는 사람도 그 행동에는 반드시 어떤 규칙성이나 필연성이 있을 거야. 거짓말하고, 남에게 책임을 전가하는 것도 그 사람 나름의 생각이 있어서 한 행동일 테니까 절대 제멋대로는 아니지."

강산들 "그럼 '적당하지 않은 사람'이라고 하는 것은 어때요?"

교수님 " '적당하다'는 말도 '알맞은 상태'라는 의미와 '될 대로 되라는 식으로 일관성이 없다'는 의미, 두 가지가 있어. 우주는

'적당한' 상태라서 성립하는 거지."

강산들 "아무튼 한동안은 애송이로 참아야 하는 건가……."

산타클로스는 진짜 있을까?

물리로 동화를 설명하다

소행성 "제 딸은 네 살인데 산타클로스가 있다고 믿어요. 그런데 초등학생 자녀를 둔 가정의 이야기를 들어보면 그렇지 않은 모양이에요. 손위 형제자매가 있는 아이는 비교적 빨리 산타클로스의 정체가 부모라는 것을 알아버리는데, 그런 아이가 아직 산타클로스의 존재를 믿는 친구에게 '산타는 없다'고 말해준대요. 부모는 산타가 되어줄 마음이 있는데 방해받으면 슬프잖아요. 딸이 아직 어려서 성급한 걸 수도 있지만, 가능한 아이의 꿈을 지켜주고 싶어요. 교수님의 전공과 관계없는 이야기지만 자녀를 키운 선배로서 조언 부탁드립니다."

교수님 "소행성 씨, 물리의 힘을 얕봐선 안 돼요. 산타클로스가 실존하는 것은 물리로 설명할 수 있답니다."

소행성 "그래요? 꼭 들려주세요."

교수님 "산타가 1년 중 가장 바쁜 때는 12월 24일 크리스마스이브예요. 시간으로 말하면 24시간, 초로 바꾸면 8만 6,400초 동안에 세계 곳곳을 돌아야 하죠. 가령 어린이가 있는 전 세계의 세대 수가 25억이라고 하면 한 곳당 머무는 시간은 3만분의 1초예요. 이렇다 보니 당연히 우리 눈에 보일 리 없죠. 산타는 그 정도의 속도로 어린이가 있는 집을 돌기 때문에 '어느새 선물만 놓고 가셨다'가 되는 겁니다."

소행성 "그렇군요, 재미있어요."

교수님 "게다가 산타의 외모는 소행성 씨가 어렸을 때부터 변하지 않았죠."

소행성 "맞아요. 하얀 수염을 기른 할아버지잖아요. 만화 속 주인공처럼 산타는 나이를 먹지 않는다고 설명하기에는 무리가 있겠죠?"

교수님 "그 비밀은 상대성이론*이 해명해줘요."

소행성 "상대성이론이라면 아인슈타인이 발명한 엄청 어려운 이론이잖아요. 말만 들어도 벌써 기가 꺾이는데, 제가 이해할 수 있을까요?"

교수님 "걱정 마세요. 고속으로 움직이는 세상에서는 시간의 흐름이 느려지는 것만 기억하면 돼요. 그런데 산타는 빛의 속도에 필적할 만큼 빠른 속도로 분주히 돌아다니죠. 24시간 안에 전 세계를 돌아야 하니까. 또 가장 바쁜 크리스마스이브 외에도 해야 할 일이 많아요."

소행성 "전 세계 어린이들의 집을 파악하는 거요?"

교수님 "아뇨. 산타에게 그 정도는 식은 죽 먹기죠. 아이들에게 선물할 장난감을 준비하는 일이에요. 산타는 환경보호 정신이 투철해서 매해 새 장난감을 사진 않아요. 아이가 커서 사용하지 않게 된 장난감이나 고장 난 장난감을 회수해서 장난감 공장에서 재사용하죠. 그 장난감 공장이 어디에 있냐 하면, 나는 북극 상공에 있는 초미니 블랙홀이라고 추측해요. 낡은 장난감을 블랙홀에 던지면 블랙홀은 에너지의 일부를 환원해주죠. 그 에너지를 사용해 새 장난감을 만드는 거예요. 그렇게 크리스마스이브를 제외하고 다른 날은 열심히 장난감을 만들어서 전 세계 어린이들에게 나눠주고 그 다음 날인 12월 25일이 되어서야 겨우 휴식을 취할 수 있죠. 보통으로 시간이 흐르는 것은 그날뿐이고, 나머지 시간엔 초고속으로 세계를 돌아다니기 때문에 산타는 나이를 먹지 않는답니다."

소행성 "크리스마스이브 외의 날에도 세계 곳곳을 돌아다닐 필요가 있나요?"

교수님 "엄마들이 아이들에게 '산타는 착한 아이한테만 선물을 준다'고 하잖아요. 산타는 세계를 돌아다니며 그 소리를 듣고 착한 아이인지 아닌지 판단하죠. 그때 높은 곳을 날아다니면 아이들의 모습을 볼 수 없기 때문에 저공비행해야 해요. 초고속으로 지상에 스칠 듯이 지나면 그 충격으로 발광현상이 일어나 무지개나 오로라가 생기죠. 오로라를 볼 수 있고 무지개가 자주 뜨는 장소 하면 핀란드죠."

소행성 "네, 핀란드가 산타의 고향이라고 하잖아요."

교수님 "전문적으로 말하면 더 자세히 설명할 수 있지만, 아무튼 이 정도가 물리로 설명할 수 있는 산타클로스의 실존론이에요. 내가 말하고 싶은 건 '산타클로스는 정말 있어요?'라는 아이의 질문에 어떤 식으로든 '있다' 혹은 '없다'를 자신 있게 대답할 수 있는 부모가 되었으면 좋겠어요. 이 이야기를 딸에게 그대로 들려줄 필요는 없어요. 소행성 씨의 말로 자신 있게 설명하면 어떤 이야기든 분명 납득해줄 거예요. 이건 사족인데, 제 경우 산타클로스는 코가 기다란 도깨비였어요. 높은 산에서 기다란 코에 선물을 걸고 날아와 뒷마당에 있는 감나무에 걸어놓고 가죠."

소행성 "아, 그 시대에 어울리는 이야기네요. 저도 교수님처럼 자신만의 말로 꿈이 담긴 이야기를 해줄 수 있는 아빠가 되도록 노력하겠습니다."

과학 상식 이야기

* **상대성이론 :** 상대성이론(Theory of Relativity)은 알베르트 아인슈타인이 주장한 인간, 생물, 행성, 항성, 은하 크기 이상의 거시 세계를 다루는 이론이다. 양자역학과 함께 우주에 기본적으로 작용하는 법칙을 설명하는 이론이자 현대 물리학에서 우주를 이해하는 데 사용하는 가장 근본적인 이론이다.

사람 사이의 적당한 거리는?

원자와 분자

교수님 “김우주, 오늘은 얼굴이 시무룩하네. 여자친구와 싸웠어?”

김우주 “역시, 교수님의 통찰력은 대단하세요. 최근에는 잘 지낸다 싶었는데 정말 크게 싸웠어요. 들어보실래요?”

교수님 “물론이지, 말해봐.”

김우주 “어젯밤, 여자친구에게 여러 번 전화했는데 계속 받지 않는 거예요. 저는 무슨 일이 있는 게 아닐까 걱정됐거든요. 그래서 학교에서 만났을 때 ‘어제, 무슨 일 있었어?’ 물었더니 ‘나도 때론 전화 받기 싫을 때가 있어. 그리고 왜 내가 일일이 보고해야 해? 수십 번 전화를 하고……. 너는 내 보호자가 아니야!' 하고 화를 내지 뭐예요. 왜 제 마음을 몰라주는지 서운해서……. 제가 잘못했나요?"

교수님 "자네는 여자친구가 걱정돼서 여러 번 전화했는데 상대는 그 행위를 귀찮아하면서 '보호자가 아니다'라는 말까지 한 건데, 만약 자네가 여자친구와 즐겁게 데이트를 하는데 엄마가 여러 번 전화하면 어떨까?"

김우주 "급한 일이 아니라면 귀찮아하겠죠. 하지만 그것과 이것은 이야기가 달라요!"

교수님 "과연 그럴까? 인간관계뿐 아니라 우주 만물은 적당한 거리감으로 성립돼. 이 세상에 존재하는 모든 물질은 원자라는 작은 알갱이로 이루어졌지. 그 중심에는 원자핵이라는 단단한 중심이 있고. 원자핵은 일반적으로 말하면 플러스 전기를 띤 양성자라는 입자와 전기를 갖지 않는 중성자라는 입자로 되어 있어. 즉 원자핵은 플러스 전기를 띠는 거야. 이 원자핵 주위를 마이너스 전기를 가진 전자가 구름처럼 둘러싸고 있어. 물 분자식 기억해?"

김우주 "H_2O요."

교수님 "물 분자는 두 개의 수소 원자 H와 하나의 산소 원자 O로 구성되어 있어. 본래 서로 반발할 텐데, 이 원자들이 손을 잡고 물이라는 분자가 될 수 있는 것은 공유결합을 하기 때문이야."

김우주 "공유결합이요?"

교수님 "이건 서로 전자를 제공하여 만든, 전자쌍을 공유해 형성되는 화학결합이야. 이보다 가까워지면 반발하고, 멀어지면 서로의 존재를 의식하지 않지. 적당한 거리가 있기 때문에 결합해 H_2O가 될 수 있는 거야. 사람 사이도 원자에서 분자가 되는 과정과 비슷해."

김우주 "듣고 보니 그런 것 같기도 해요……."

교수님 "고대 중국의 《장자(莊子)》에 '군자의 사귐은 담백하기가 물과 같다'는 구절이 있듯이, 원자핵은 인간에게 있어 주체성 같은 거야. 친한 사이에도 예의를 지켜야 친분이 오래갈 수 있다는 속담처럼 가족이나 연인처럼 가까운 사이라도 침범당하고 싶지 않은 부분이 있는 법이야. 서로 신뢰하고 적당한 거리를 유지하는 것이 인간에게도 분자에게도 이상적인 관계라고 할 수 있어."

김우주 "여자친구를 걱정한 거라고 제 행동을 정당화하고 싶었어요. 하지만 전혀 의심하지 않았다고 하면 거짓말이에요. 신뢰관계란 어렵네요. 신뢰받고 싶으면 먼저 상대를 신뢰해야겠어요."

교수님 "맞아. 아시시의 성 프란치스코가 '평화의 기도*'에서 이렇게 말했지. '위로받기보다는 위로하고, 이해받기보다는 이해하며, 사랑받기보다는 사랑하게 하소서. 우리는 줌으로써 받고, 용서함으로써 용서받으며……'라고. 원자에서 우주까지, 적당한 거리가 관계를 유지하는 요령일 거야."

과학 상식 이야기

*** 평화의 기도(아시시의 성 프란치스코)**

주님, 저를 당신의 도구로 써 주소서

미움이 있는 곳에 사랑을,
다툼이 있는 곳에 용서를,
분열이 있는 곳에 일치를,
의혹이 있는 곳에 신앙을,
그릇됨이 있는 곳에 진리를,
절망이 있는 곳에 희망을,

어두움에 빛을,
슬픔이 있는 곳에 기쁨을
가져오는 자 되게 하소서.

위로받기보다는 위로하고,
이해받기보다는 이해하며,
사랑받기보다는 사랑하게 하여주소서.

우리는 줌으로써 받고,
용서함으로써 용서받으며,
자기를 버리고 죽음으로써
영생을 얻기 때문입니다.

인류의 시작은 여성이었다?

성의 목적

강산들 "요전에 저희 언니가 임신했다고 말씀드렸잖아요. 지금은 괜찮아졌지만 처음에는 입덧이 심해서 컨디션도 안 좋고 아주 예민했어요. 그런 모습을 보니까 왜 여자만 힘들어야 하나 속상했어요. 그걸 엄마가 되는 기쁨으로 느끼는 사람도 많지만, 저는 아직 먼 훗날의 일이라서 그렇게 느껴지진 않았어요. 남녀평등이라고는 해도 아이를 낳는다는 선택을 하면 여성에게는 이렇게 많은 리스크가 따르는 만큼 근본적인 평등은 있을 수 없는 것 아닌가요? 언니는 일을 그만두지 않고 육아휴직을 하고 싶다지만 나중에 제대로 복귀할 수 있을지 벌써부터 불안해해요. 이런 말을 해봤자 소용없지만, 왜 임신은 여자만 해야 하는 걸까요? 책에서 읽은 적이 있는데, 수컷과 암컷, 양쪽 기능을 모두 가진 생물도 있죠? 스스로 자신을 증식할 수 있다면 성별 따위 관계없이 진정한 평등을 이룰 수 있을 텐데, 어째서 인간은 그런 식으로 진화하지 않았나 몰라. 이런 생각을 하는 제가 이상한 건가요?"

교수님 "전혀 이상하지 않아. 자네 말대로 여성에게 출산은 여러 위험을 동반하지. 게다가 지구상에 생명이 태어나고 한동안은 암컷만 존재했어."

강산들 "역시 그랬어!"

교수님 "지구상에 생명이 생겨난 것은 약 40억 년 전인데 그로부터 10억 년 동안은 모든 생물이 암컷이었지. 그들은 자신의 몸을 분열시키고 복제해서 살았어."

강산들 "10억 년이나 암컷의 세계였는데 왜 유지가 안 된 거죠?"

교수님 "만약 인간이 자신의 몸을 분열시켜서 복제할 수 있다고 하세. 자신으로부터 태어나는 아이는 부모자식처럼 얼굴이 비슷한 차원이 아니라 겉은 물론 속까지 완전히 자신과 똑같은 인간이 또 하나 생기는 거야. 종(種)을 늘리기 위한 방법으로는 언뜻 손쉽고 효율적일 것 같지. 그러나 자신과 똑같다는 것은 자신과 그 복제 생물이 병에 걸렸을 때 매우 위험한 상태에 노출된다는 것을 의미해."

강산들 "왜요?"

교수님 "몸의 유전자 정보가 똑같기 때문에 한 명이 병에 걸리면 감염되기 쉽기 때문이야. 심각한 병에 걸렸을 때 절멸할 가능성이 높아져서 자손을 남기기 어렵지. 시시각각 변화하는 환경에서 생존하려면 종의 생존을 위협하는 외부 세계의 다양한 요소에 대해 저항력을 키워야 해. 그렇기 때문에 암컷은 자신의 복제만 만들지 않고 수컷의 존재를 필요로 한 거야. 이런 점에서 성의 본래 목적은 자손을 늘리는 것보다 자신과 다른 유전자를 혼합해 건강하고 새로운 유전자를 만들어 종을 존속시키는 데 있다고 할 수 있지."

강산들 "길가에 자라는 잡초가 강한 것과 비슷한 건가요?"

교수님 "맞아. 세계의 신화나 전설을 보면 대다수가 신이 대지를 경작하는 일꾼으로서 남성을 만들고, 그를 돕는 역할로 남성으로부터 여성을 만들었다고 되어 있어. 그러나 생물학상으로는 여성이 최초에 생겨났고 생존을 위한 필요성 때문에 남성을 만들었다고 하는 것이 정확한 순서라고 할 수 있어."

강산들 "신화나 전설이 만들어졌을 당시의 사회는 남성을 우위에 두는 것이 여러모로 편했겠죠. 하지만 사실은 암컷이 수컷을 만들었으니까 조금은 고맙게 여겼으면 좋겠어요."

교수님 “맞아. 젠더(사회적 의미로서의 성)적으로도 여성이 약하다는 생각이 근저에 있는데, 생물학적으로는 암컷이 수컷보다 강해. 알다시피 여성은 평균 수명이 길어서 장수하는 일란성 쌍생아는 형제보다는 자매가 훨씬 많다는 것도 여성의 강함을 말해주지. 남성은 원래 여성을 위해 만들어졌다는 것을 남성들은 더 확실히 인식해야 할 거야.

강산들 “남자친구한테도 말해줘야지!”

남자와 여자는 서로 이해할 수 없다?

남녀의 특성

김우주 "교수님, 안 계세요? 문에 걸린 표찰에 '비밀의 방'에 있다고 되어 있는데……. 비밀의 방은 어디 있는 거지? 애당초 비밀의 방에 있다고 당당히 말하는 자체가 뭔가 잘못된 것 같은데."

김우주가 혼잣말을 하는데 상담실 벽의 책장이 회전 도어처럼 빙그르르 돌더니 신 교수가 나타났다.

김우주 "앗, 깜짝야! 이런 곳에 비밀의 방이 있어요?"

교수님 "들켜버렸네. 사실은 이 책장 뒤쪽에 방음 시설을 한 방이 있어서 거기서 클래식 음악을 들으며 꾸벅꾸벅 낮잠을 잤어.

어젯밤부터 오늘 아침까지 마감일을 넘긴 원고를 쓰느라 밤을 새웠거든. 이 방에는…… 사일런트 기능(피아노에 스트링과 해머를 가로막아서 조용하게 연주할 수 있는 장치)이 있는 그랜드 피아노도 있어.”

김우주 “피아노도 치세요?”

교수님 “조금. 내 취미야. 정말 연주하고 싶은 것은 파이프오르간이지만. 전국, 아니 여러 나라의 파이프오르간을 연주하며 세계 곳곳을 다니는 것이 꿈이야. 물론 꿈을 이루기는 어렵지만…….”

김우주 “멋진 꿈이네요.”

교수님 “이 방에 대한 이야기는 다른 사람에게는 비밀로 해줘. 왜냐면 비밀의 방이니까.”

김우주 “알았어요. 요즘은 여자친구 기분이 좋아졌어요.”

교수님 “얼굴이 밝아보여서 그런 것 같았어.”

김우주 “기분은 좋은데 저와는 사고회로가 너무 달라서 가끔은 여자가 우주인처럼 느껴져요. 저는 누나나 여동생이 없고, 중고등학교도 남학교를 다녀서 남자친구와 다니는 게 재미있어요. 그래서 늘 여자친구를 화나게 만들지만. 누나나 여동생이 있는 애들은 여자를 대하는 게 자연스러워서 쉽게 친구가 되잖아요. 동아리에도 그런 애가 있거든요. 동아리에 들어오자마자 같은 학년뿐만 아니라 선배 누나들과도 잘 지내더라구요. 물어보니까 누나와 여동생이 있대요. 딱히 인기를 얻고 싶거나 응석부리고 싶은 것은 아니지만 이성 친구들이 있으면 연애상담도 할 수 있고, 아무튼 부러워요. 요즘 제 상담 상대는 교수님뿐이에요."

교수님 "나 하나로는 부족한가?"

김우주 "아뇨! 교수님께 불만이 있는 게 아니에요. 그냥, 또래 여성의 조언도 때로는 듣고 싶다는 거죠."

교수님 "남성과 여성은 사고방식과 특기 등 여러 가지 면에서 달라. 유익한 조언이 될지 모르겠지만 인류가 탄생한 이래 그런 차이가 어떻게 생겨났고 키워졌는지 말해줄까?

김우주 "네, 듣고 싶어요."

교수님 "인간은 다른 동물에 비해 미숙한 상태로 태어나기 때문에 엄마는 아기가 어느 정도 성장할 때까지 옆에 달라붙어서 돌봐야 해. 이건 언젠가 말한 적이 있지. 그 사이에 힘이 강한 남자는 가족을 위해 먹을 것을 찾으러 나가지. 사냥에서 중요한 것은 멀리 있거나 덤불에 숨어 있는 사냥감을 놓치지 않는 시력이야. 그래서 남성에게 '보는' 행위는 여러 능력 중에서도 특히 중요한 의미가 있어. 말하자면 남성은 눈의 생명체야. 자신의 경험을 돌아보면 납득할 텐데, 남성은 좋든 싫든 여성을 힐끗거리는 습성이 있지."

김우주 "부정하지 않겠어요."

교수님 "거리에 넘쳐나는 여러 가지에 대해서도 남성은 눈으로 보는 것으로 자극을 받는 특성이 있어. 또 남성이 여성을 볼 때 일반적으로 몸의 어느 부위에 주목하는지도 연구를 통해 밝혀졌지."

김우주 "제일 먼저 눈이 가는 곳이라면 얼굴이나 가슴이 아닐까요?"

교수님 "물론 개인차는 있지만 많은 남성이 여성의 허리와 엉덩이의 비율을 먼저 눈으로 확인한다고 해."

김우주 "잘록한 허리요?"

교수님 "남성이 가장 좋아하는 허리와 엉덩이의 비율은 7 대 10이라는 것도 밝혀졌는데, 듣기 좋게 말하면 1 대 $\sqrt{2}$랄까. 그리고 이 비율은 아기를 낳기 쉬운 체형이라고 해. 요컨대 남성은 자신의 아이를 건강히 출산해줄 여성을 본능적으로 눈으로 확인하는 거지."

김우주 "남자는 타산적인 생물이군요. 그런데 여성이 좋은 남자를 찾는 것도 건강한 자손을 남기고 싶은 의지의 표현이니까 동등한 거예요."

교수님 "사냥이라는 행위는 기본적으로 사냥감이 어디에 있는지 모르잖아. 사냥감을 쫓아 낯선 곳을 헤매는 경우도 종종 있지. 보기 좋게 사냥에 성공해도 집으로 돌아오는 길을 모르면 가족을 위해 고생하며 얻은 전리품이 아무 소용없지. 그래서 남성은 뛰어난 방향감각을 갖고 있어."

김우주 "그렇구나……. 저는 길치라서 데이트할 때 길을 헤매는 경우가 많은데 그때마다 여자친구가 '남자가 도대체!' 하고 잔소리해요. 그 말에 충격받았어요."

교수님 "물론 모든 남성이 그런 것은 아냐. 어디까지나 경향일 뿐, 방향감각이 없다고 해서 남자답지 않은 것은 아니니까 너무 심각하게 받아들이지 마. 반면에 여성은 앞서 말한 대로 아기를 키우는 역할이 있지. 갓난아기는 말을 못하기 때문에 아기의 울음소리만으로 배가 고픈지 몸이 안 좋은지 판단해야 해. 그래서 눈의 생명체인 남성과 달리 여성은 '귀의 생명체'라고 할 수 있어. 실제로 여성의 청력은 남성보다 뛰어나서 동시통역 분야에서는 여성이 압도적으로 많이 활약하고 있지. 또 여성은 마음을 들어서 확인하고 싶어 해. '좋아해' '사랑해'라는 말을 듣고 싶어 하지. 남성 입장에서는 '나, 정말 좋아해?'라는 질문을 받으면 '굳이 말하지 않아도 나의 태도로 알 수 있을 텐데' 하고 생각하지만 여성은 그렇지 않아."

김우주 "그렇구나. 남자가 그런 말을 남발하면 안 된다고 생각했어요."

교수님 "앞으로는 가능한 한 여자친구에게 마음을 말로 표현해주면 좋을 거야. 또 하나, 아기를 키울 때 매우 중요한 능력으로 기억력을 들 수 있어. 가령, 그때도 이런 식으로 울었는데 그 결과 이런 증상이 나타났다 하는 경험의 축적이 육아를 할 땐 반드시 필요해. 실제로 여성은 다른 엄마들과 서로 정보를 교환하며 경험을 기억으로 쌓아두는 능력도 뛰어나지. 그래서 여성은 여럿이 모여 수다 떠는 것을 좋아해. 자네처럼 연애 상담하러 오는 학생이 많은데, 여성의 뛰어난 기억력에는 진짜 감동한다니까. '나랑 사귀면 뭐든지 할 거라고 3년 전 ○월 ○일에 남자친구가 말했거든요!' 하는 식으로 정확히 기억하는 거야. 기념일을 잊어버리는 건 대개 남성이야."

김우주 "저도 첫 데이트 날짜를 기억하지 못해서 여자친구가 화낸 적 있어요."

교수님 "여성은 남성의 애정이 부족해서 기억을 못 한다고 생각하는데, 남성이 기억 못 하는 게 절대 애정이 부족해서는 아니야."

김우주 "하지만 여자친구는 그걸 이해해주지 않으니까……."

교수님 "육아에선 모든 것을 받아들이는 포용력도 필요해. 모든 것을 받아들인다는 것은, 사실 남성에게는 가장 무서운 일이기도 하지."

김우주 "왜요?"

교수님 "왜냐면 모든 것을 받아들일 수 있는 여성은 알아도 모른 척할 수 있으니까. '당신, 이랬잖아!' 하고 쉽게 말하지 않아. 알아도 마음에 담아두고 상황을 살피지. 남성에게 '이번에도 이랬고 지난번에도 그랬잖아!' 하고 한번에 공격하는 것은 모든 것을 받아들이기를 포기했을 때라고 할 수 있어."

김우주 "너무 무섭네요. 역시 여자한테는 큰소리 칠 수 없다니까."

교수님 "남성과 여성이 서로를 이해하기 위해서는 상대의 특성을 알고 다름을 인식하는 것이 중요해. 그런 인식 없이 '왜 몰라주냐!' 하고 일방적으로 주장해봤자 쌍방이 납득할 수 있는 해결책을 찾기가 어렵지."

김우주 "좋은 공부가 됐어요. 여자가 우주인처럼 생각되는 것은 어떤 의미에서 당연한 거네요. 그걸 안 것만으로도 마음이 편해졌어요."

남자는 왜 젊은 여성에게 끌릴까?

아름다움의 좌표

강산들 "저는 20대 초인데, 나이 들 것을 생각하면 가끔 우울해져요. 물론 사람은 누구나 나이 들고 젊음이 오래 가지 않는다는 걸 잘 알지만, 젊다는 것만으로도 응석부릴 수 있고 젊음을 이유로 용서받는 경우도 꽤 많거든요. 최근에는 나이 차이가 많이 나는 결혼이 드물지 않은데, 솔직히 남자는 상대가 일단 젊으면 좋아하지 않나요? 젊을 때는 딱히 잘 생기지 않았던 남자가 중년이 돼서 '중년의 멋'이 있다는 이해할 수 없는 이유로 호감을 사는 것도 뻔뻔하고 불공평해요. 여자는 안 그렇잖아요. 안티에이징이니 뭐니 젊음을 유지하려

애쓰며 사는데."

교수님 "자네가 그렇게 생각하는 데는 남성들의 책임도 있어."

강산들 "젊은 여자를 좋아하는 남자가 많으니까 여자는 무조건 젊어야 인기 있다고 착각해 '미마녀(美魔女. 20대처럼 보이는 중년 여성. 마법을 부린 것처럼 젊어 보이는 동안을 의미한다)'라는 말이 나올 정도잖아요. 남자는 어째서 하나밖에 모르는 바보처럼 젊은 사람을 좋아할까?"

교수님 "사실 남성이 젊은 여성에게 끌리는 것은 본능이고, 동서고금 모든 남성의 공통적인 취향이야."

강산들 "그럼 출산 적령기가 지난 여성은, 표현이 지나칠 수 있지만, 쓸모없다는 건가요?"

교수님 "영장류의 암컷은 번식 능력이 사라진 이후의 생존 기간이 수 년이라고 해. 침팬지는 '할머니'가 거의 없어. 그러나 인간의 여성은 달라. 왜냐면 아기를 출산할 수 없는 상태가 된 후에도 중요한 역할이 있기 때문이지."

강산들 "어떤 역할요?"

교수님 "다른 동물과 달리 인간은 방치되면 살아갈 수 없는 상태로 태어나지. 할머니는 육아를 돕는 역할을 해. 육아에서 '할머니의 지혜'라는 말은 있지만 '할아버지의 지혜'라는 말은 없어. 자신이 축적한 지혜와 경험을 다음 세대에게 전달하는 것이 할머니의 역할이야. 가령, 아기가 이유 없이 열이 날 때 경험이 부족해서 당황하는 엄마와 달리 육아 경험이 풍부한 할머니는 대처법을 조언해줄 수 있지. 매해 아이를 출산할 수 있는 것도 인간의 특성인데, 연년생이 태어나면 엄마는 더 정신이 없어. 그때가 바로 할머니가 나설 때지. 생물학적으로 보면 인간은 다른 사람의 아기를 키울 수 있는 보기 드문 생물이라고 할 수 있어. 최근에는 핵가족이 많아졌지만 본래 할머니는 많은 사람에게 필요한 존재야."

강산들 "그럼 할아버지의 존재 이유는 무엇인가요?"

교수님 "남성은 여성에 비해 꽤 나이 들어서까지 생식능력이 있어."

강산들 "하긴 80대에 아기를 갖는 정력 왕성한 할아버지도 있다고 하니까."

교수님 "그러나 할아버지의 역할은 자손을 늘리는 것보다 가장으로서 집안의 상징이라고 할 수 있어. 가족을 총괄하거나 사회적으로 집안의 얼굴이지. 지금은 가족의 형태나 남녀의 사회적 역할이 크게 달라졌지만 남성은 집과 바깥 세계를 연결하는 존재라고 할 수 있지. 처음 이야기로 돌아가는데, 아무리 젊음을 고집해도 인간은 살아 있는 한 나이를 먹고, 죽으면 해골이 돼. 그래서 옛날 스님들은 성욕을 억누르기 위해 미녀도 언젠가는 죽고 썩어서 해골이 된다고 상상했다고 해. 또 아름다움의 좌표는 시간과 함께 바뀌니까."

강산들 "아름다움의 좌표?"

교수님 "나이 들면 체력이 약해져서 육체적으로 불편한 점이 많아지는 반면, 경험과 지혜가 늘어나 직감이 발동해. 새 자동차는 엔진이 뻑뻑해 잘 돌아가지 않지만 여러 번 엔진을 돌려 마모시키면 부드럽게 회전하지. 피아노 같은 악기도 여러 번 연주해 '노화'시키는 것으로 소리가 좋아지잖아. 세상의 만물은 균형을 이뤄 성립하고, 가장 아름다운 상태라 할 수 있는 좌표는 그때그때 달라져. 무엇을 아름답게 느끼는지는 사람마다 다른데, 나는 '그때만의 것'이라고 생각해. 똑같은 것의 반복은 없기 때문에 우리는 그 순간의 아름다움에 마음을 빼앗기는 게 아닐까. 우주도 인간도 마찬가지야. 20대에는 20대, 30대에는 30대, 40대에는 40대의 아름다움이 있기 때문에 인생의 멋이 있는 거지."

강산들 "교수님은 듣기 좋은 말만 하셔."

교수님 "말은 이렇게 해도 마음만은 영원한 이팔청춘 16세야."

강산들 "졌다……, 그건 너무 어려요!"

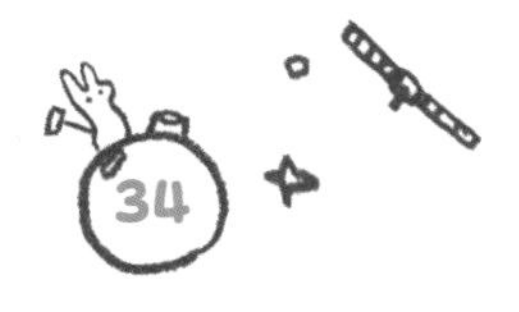

우주의 시간과 지구의 시간 차이는?

지금을 아는 방법

김우주 "여자친구가 제 앞에서 아무렇지 않게 이전에 사귀었던 남자친구 이야기를 하는데, 교수님은 어떻게 생각하세요? '옛날 남자친구와 이 가게에 왔었다' '옛날 남자친구는 더 이랬다' 하면서요."

교수님 "그 말을 듣고 자넨 어떤 생각이 들었지?"

김우주 "기분 나빴죠. 저는 여자친구가 처음이라 옛날 애인 이야기를 하는 마음 자체를 잘 모르겠고, 비교당하는 것 같아서 마음이 불편해요. 그래서 마음먹고 '옛날 남자친구 이야기는 가능한 한 내 앞에서 하지 않았으면 좋겠다'고 대놓고 말했어요. 그랬더니 '왜 그런 것에 질투하냐. 내가 지금 사귀는 것은 너니까 문제없지 않냐'는 식으로 나오니까 할 말이 없어요. 확실히 제가 '현재 남자친구'지만 언제까지 계속될지 솔직히 알 수 없고, 저도 언젠가는 '과거의 남자친구'가 되어 그런 식으로 '미래의 남자친구'에게 언급되지 않을까 생각하면 제 자신이 한심하게 느껴져요. 애당초 과거의 남자친구보다 지금의 남자친구가 절대적인 존재라는 보증은 어디에도 없잖아요."

교수님 "확실히 '지금'이란 시간은 미덥지 못하다고 할 수 있어. 가령, 태양 빛이 지구에 도달하는 데는 8분 20초 정도의 시간이 걸려. 이 말은, 수평선에 지는 해를 보고 '해가 진다!'고 생각했을 때 이미 태양은 그곳에 없고, 진 이후라는 거야. 즉 지금이라고 생각하고 본 광경은 8분 20초 전의 빛인 거지. 겨울 밤하늘에 한층 아름답게 빛나는 시리우스는 지구에서 9광년 떨어져 있으니까 우리가 보는 것은 9년 전의 빛이야."

김우주 "우주처럼 멀리 떨어진 세계라면 시차가 생기는 것은 어쩔 수 없지만 작은 규모라면 지금을 실감할 수 있지 않아요?"

교수님 "내가 강의실 칠판에 글자를 썼다고 하세. 나의 동작은 빛이 전달되는 것으로 제삼자가 감지할 수 있으니까 아주 작은 차이이기는 하지만 나와 거리가 가까운 앞자리의 사람이 뒷

자리에 앉은 사람보다 빨리 나의 동작을 감지할 수 있어. 즉 동시성이란 없어. 자네 앞에 앉아 있는 나의 모습도 자네 눈에 비칠 때는 과거의 모습이 되지. 이렇게 이야기하는 이 순간조차 '지금'은 손바닥 위의 모래처럼 과거로 술술 떨어지고 있어."

김우주 "그럼 대체 '지금'은 언제예요? 지금을 실감하는 것은 불가능한가요?"

교수님 "지금을 느끼는 방법은 있어. 우주도 인간도 멀리 떨어진 곳에서 보기 때문에 과거의 모습이 되어버리는 거야. 그렇다면 지금을 느끼기 위해서는 거리가 있어서는 안 돼. 즉 바싹 달라붙는 것으로 지금을 느낄 수 있는 거야. 피부 감각이야말로 지금의 상대를 느끼고 지금을 공유하는 수단이지."

김우주 "그렇게 생각하면 악수나 포옹도 인사로선 매우 의미 있는 방법이고, 스킨십이 굉장히 중요한거네요."

교수님 "그래."

김우주 "그런데 서로 마주봐도 그것도 과거의 모습이라니, 인간은 정말 고독한 생물이에요."

교수님 "그래서 인간은 누군가를 찾게 되는 거야."

김우주 "처음부터 완전히 혼자였다면 고독하다고 느끼지 않겠죠."

교수님 "《어린 왕자》를 쓴 생텍쥐페리는 사랑이란 서로 마주보는 것이 아니라 둘이 같은 방향을 보는 거라고 했어. 마주봐도 보이는 것은 상대의 과거 모습이고, 바라볼수록 좋은 점뿐만 아니라 나쁜 점도 보이기 쉽지. 그러나 나란히 같은 방향을 보면 눈에 들어오는 빛이 과거의 것이라 해도 둘이 동시에 그것을 느끼고 같은 장소를 볼 수 있어. 지금이라는 시간은 불확실하지만 확실히 있으니까."

어른들의 시간은 왜 빨리 흐를까?

심리적 시간

소행성 씨가 상담실에 들어가자 신 교수가 창밖을 보며 손가락으로 이쪽을 가리켰다 저쪽을 가리켰다 뭔가 이상한 행동을 하고 있었다.

소행성 "안녕하세요, 교수님. 바쁘세요?"

교수님 "앗, 부끄러운 모습을 들켰네. 사실은 요전에 강의 때문에 강원도에 갔는데 그곳에서 열차 운전을 체험하게 됐어요. 정말 좋은 경험이었죠. 자동차와 달리 브레이크 조절이 어려워서 지정 위치에 정차하기 힘들었는데, 기념으로 사진도 찍었어요. 조금 전에는 복습이랄까, 손가락 지시 확인을 하며 즐거웠던 그때를 떠올리고 있었죠."

소행성 "그랬군요, 방해해서 죄송합니다."

교수님 "아니에요."

소행성 "그런데 즐거운 시간도 그렇고, 어른이 되면 시간이 빨리 지나잖아요. 그런데도 교수님은 소년의 마음을 갖고 계시니 부러워요. 네 살짜리 딸을 보면 저도 하루를 소중히 지내야겠다고 반성할 때가 있어요. 나이 들수록 1년이 눈 깜짝할 사이에 지나버려 요즘에는 제 나이도 잊어버릴 정도예요. 하루하루 충실하다고 말하면 듣기에는 좋지만, 단순히 흘러가는 게 아닐까 불안해져서……. 저도 딸처럼 시간의 흐름을 천천히 느끼는 시절이 있었을 텐데."

교수님 "어릴 때는 하루가 지금보다 길었죠. 똑같은 24시간인데 어릴 때와 어른이 된 후는 시간이 흐르는 속도가 다르다는 착각이 들죠."

소행성 "어릴 때의 1년은 정말 길었거든요."

교수님 "시간의 흐름을 빠르게 혹은 느리게 느끼는 것은 나이 차이에서만 오는 건 아니에요. 가령, 시험 볼 때 시간이 빨리 지난다고 느끼지 않나요?"

소행성 "시간이 없어서 초조해질수록 빨리 지나는 것 같아요. 시간은 정말 고약해요. 시험 때는 시간이 남는다고 생각한 적 없거든요."

교수님 "학생들에게는 미안하지만 시험 감독을 하는 우리는 그때만큼 따분하고 시간이 느리게 갈 때가 없어요. 1시간이 소행성 씨에게는 30분처럼 느껴지고, 나에게는 3시간, 4시간처럼 느껴지죠. 자신이 처한 상황에 따라서 시간은 얼마든지 늘어나고 줄어들어요. 정확히 말하면 시간 감각이지만……."

소행성 "왜 그럴까요?"

교수님 "심리적인 시간과 시계로 측정하는 시간이 크게 다른 이유는 정확하지 않지만, 아이의 시간과 어른의 시간의 차이에 대해서는 이렇게 생각할 수 있어요. 가령 소행성 씨의 네 살짜리 딸에게 1년은 지금까지 살아온 인생의 4분의 1이죠. 반면에 42세인 소행성 씨에게 1년은 42분의 1에 불과해요. 비율적으로 딸의 1년의 길이는 소행성 씨보다 훨씬 길죠. 나이가 들수록 인생의 길이에 대해 1년이 차지하는 비율은 적어지므로 똑같은 1년이라도 빨리 지나는 것처럼 느껴지는 겁니다. 혹은 이런 가설도 세울 수 있죠. 아이의 세포분열 속도는 성인에 비해 빠르고 몸의 재생능력도 활발해요. 이 말은, 똑같은 양의 일을 아이가 어른보다 단시간에 해낼 수 있으므로 똑같은 시간을 더 길게 느낀다고 할 수 있겠죠?"

소행성 "흥미로운 생각이네요. 이건 어디까지나 상상에 불과한데, 어느 정도 나이가 들어 일을 은퇴하고 노인이 되면 자신이 살아온 인생에서 1년의 비율은 더 짧아지지만 지금보다 1년이라는 시간을 길게 느낄 것 같아요. 손녀 만날 날을 기대하며 생활하는 제 아버지를 보면 그런 것 같아요."

"확실히 그럴 가능성이 크죠. 하지 않으면 안 되는 일에 쫓기면 순식간에 시간이 지나고, 아무것에도 얽매이지 않고 지내면 무료해져서 시간을 주체할 수 없죠. 시간이란 친숙하지만 생각할수록 정체를 알 수 없는 신기한 존재예요. 남성과 여성도 시간을 느끼는 방식이 달라요. 가령, 여성이 남성보다 실연의 아픔에서 일찍 재기할 수 있는 것은 종(種)의 보존이라는 여성의 본능적인 부분과 관계가 있어요. 즐거운 시간은 빨리 가는 것처럼 느끼고, 힘든 시간은 느리게 가는 것처럼 느낀다는 점에서도 시간은 마음이 만들어내는 일종의 환상, 환영이라고도 할 수 있겠죠."

인간관계에 나타나는 양자역학의 원리는?

양자역학

김우주 "어지간하면 싸우고 싶지 않아요. 그런데 여자친구나 저나 둘 다 고집이 세서 서로 양보하지 않다 보니 결국 싸움으로 이어져요. 그러다 냉정을 되찾으면 왜 그런 말을 했나 늘 후회하지만……. 그래서 터덜터덜 무언가에 이끌리듯 이곳에 오는 것이 정해진 패턴이 되어버렸어요."

교수님 "그 말은, 오늘도 싸웠다는 거야?"

김우주 "네……. 오늘은 화해하자마자 싸운 최악의 경우에요."

교수님 "허, 일부러 그렇게 하려고 해도 할 수 없는 전개군."

김우주 "화해할 때는 꼭 '나, 싫어진 거 아니지?' 여자친구에게 묻게 돼요. 여자친구가 미워할까 무서워서 저도 모르게 묻는데 '화해할 때마다 똑같은 걸 묻는데, 자꾸 그러면 짜증나. 그렇게 매번 물을 거면 처음부터 싸우지 않게 노력하는 게 낫지 않아?' 하고 나무라듯이 말하잖아요. 그 말에 화가 나서 또 싸웠어요. 여자친구는 저만 나쁘다고 생각한다니까요."

교수님 "동정이 가는군. 그러나 상대의 기분을 확인하고 싶어서 노골적으로 던진 질문 때문에 오히려 상대의 기분을 상하게 만드는 것은 흔한 일이야. 인간관계뿐만 아니라 물리 세계에서도 피할 수 없지."

김우주 "물리 세계라니 무슨 말이에요?"

교수님 "저곳에 있는 물체의 존재를 확인하고 상태를 알기 위해서는 이쪽에서 물체에 대해 어떤 현상이나 행동을 일으켜 물체가 어떤 반응을 보이는지 확인할 필요가 있지. 가령, 책상 위에 사과가 있다고 하세. 캄캄한 방이라면 사과에 손전등을 비추는 것으로 그곳에 사과가 있다는 것을 확인할 수 있지. 혹은 어둠 속에서 손으로 더듬으면 사과의 존재는 물론 모양이나 온도도 알 수 있어. 여기까지는 무슨 말인지 알겠지?"

김우주 "네."

교수님 "그런데 이건 극단적인 표현이지만, 빛을 비추거나 손으로 만지는 것으로 사과 표면의 온도가 변하거나, 혹은 맛에까지 영향이 미칠 가능성도 있어. 세게 만져서 모양이 변형될 수도 있어. 알려고 하기 전과 비교해 엄밀히 말하면, 다른 상태가 되었다고 할 수 있지. 즉 상대와 관계를 형성하려고 하면 상대의 상태를 반드시 바꿔버린다는 것을 의미해. 이번에는 사과로 설명했지만, 관계하려는 대상이 작을수록 관계하는 것으로 그 상태를 크게 변화시킨다는 것이 상상이 갈 거야. 이것은 분자나 원자, 그보다 작은 소립자 같은 마이크로 세계의 수수께끼를 푸는, 양자역학의 기본이 되는 사고방식이야. 불확정성 원리*라고 해."

김우주 "양자역학이란 말은 들어본 적은 있지만 그것으로 인간관계를 설명할 줄은 몰랐어요. 사람과 관계를 형성한다는 것은 아무리 사소한 것이라도 반드시 어떤 영향을 준다는 거군요."

교수님 "그래서 인간관계가 흥미로운 거야. 물론 물리 세계도. 자네도 지금까지 관계한 모든 사람들의 영향이 크든 작든 새겨져 있어."

김우주 "어린애가 아니니까 뭐든지 말해버려선 안 된다는 것을 깨달았어요. 교수님의 이야기는 이렇게 순순히 들을 수 있는데. 다음에 여자친구랑 같이 와도 될까요? 교수님의 연애 강의를 들으면 사이가 좋아질 것 같아요."

교수님 "그럼! 언제든 같이 와, 기다릴게."

과학 상식 이야기

* **불확정성 원리 :** 양자역학에서, 입자의 위치와 운동량, 에너지와 시간 등과 같은 서로 관계가 있는 한 쌍의 물리량을 동시에 정확하게 측정할 수 없다는 원리.

알면 알수록 알 수 없다?

미지의 영역

이태양 "교수님, 안녕하세요!"

교수님 "이태양, 오랜만이야."

이태양 "오랜만이라 NASA가 교수님을 호출해서 우주인과 대화하러 가버리셨으면 어쩌나 걱정했어요."

교수님 "한동안 오지 않은 것은 우주에 대해 알고 싶은 것을 거의 들었기 때문인가?"

이태양 "아뇨! 아르바이트랑 동아리 활동으로 바쁘기도 했지만 그동안 교수님께 들은 이야기를 복습하려고 우주에 관한 책을 읽어봤어요. 아, 물론 교수님의 책도 샀죠! 하지만 우주를 공부할수록 모르는 것이 늘어나서 내 머리가 나쁜 건가, 갑자기 불안해졌어요."

교수님 "그건 착각이 아냐."

이태양 "네? 제 머리가 나쁘다는 거요? 오랜만에 왔더니 독설가가 되신 거 아니에요?"

교수님 "그게 아니라 모르는 것이 늘어나는 기분이 든다는 게 착각이 아니라고."

이태양 "아, 그런 의미였어요? 교수님, 미워할 뻔했잖아요."

교수님 "위험했군. 사물에는 알아갈수록 의문이 커지는 특질이 있어. 그래서 자네의 느낌은 지극히 자연스러운 거야. 가령 자네 앞에 우주라는 미지의 공간이 펼쳐져 있다고 하세. 자네는 여러 번 나와 이야기를 나눈 것으로 그 일부를 이해할 수 있지."

이태양 "빅뱅 이야기는 많이 이해했어요."

교수님 "자네가 이해한 부분을 미지의 공간에 둥실 떠 있는 풍선이라고 하세. 풍선 속에는 빅뱅 등의 지식이 담겨 있어. 풍선 안쪽 세계는 전부 이해했지만 바깥 세계는 모르는 것 투성이고, 풍선의 표면은 미지의 세계와의 경계면이라고 할 수 있지. 빅뱅 외에 어떤 이야기를 했는지 기억해?"

이태양 "일식이랑 우주인 이야기도 했어요. 그리고 눈에 보이지 않는 세계 이야기도."

교수님 "그래, 그런 지식이 늘어날 때마다 풍선은 점점 부풀지. 풍선이 커진다는 것은 풍선의 부피가 늘어나는 것을 의미하는데, 동시에 풍선과 미지의 세계가 접하는 부분, 즉 풍선의 표면적도 늘어나게 돼. 따라서 새로운 지식이 늘어나는 만큼 모르는 것도 늘어나는 거야."

이태양 "그렇다면 아무리 공부해도 끝이 없다는 거네요?"

교수님 "그러나 풍선의 부피는 풍선의 반지름의 세제곱에 비례해 커지고, 표면적은 반지름의 제곱에 비례해서 커져. 이 말은 무엇을 의미할까?"

이태양 "전혀 모르겠어요."

교수님 "모르는 것이 늘어나는 것은 확실하지만 아는 것과 모르는 것의 차이는 조금씩 좁혀지지. 따라서 자네는 확실히 성장하고 있어."

이태양 "역시! 고등학생 때 교수님을 만나 과학에 눈을 떴다면 다른 인생을 살게 됐을지도 몰라요."

교수님 "그렇게 말해주니 고맙지만, 이 대학에서 이렇게 만날 수 있었던 것도 운명이야. 게다가 자네는 이미 과학에 눈을 떴으니 우주비행사가 되는 것도 단순한 꿈은 아니야."

이태양 "와—."

교수님 “마지막으로 ‘알다’라는 이야기가 나온 김에 ‘understand’ 라는 말의 의미를 알아볼까?”

이태양 “에이, understand의 의미 정도는 알아요.”

교수님 “그럼 왜 ‘이해하다’는 ‘upperstand’가 아니라 ‘understand’ 일까? 그건 사물의 본질을 이해하기 위해서는 ‘위’가 아니라 ‘아래’ 쪽에 서는 자세가 중요하다는 의미가 담겨 있기 때문이야. 시선을 낮춰야 보이는 것들이 많지.

이태양 “앗, 정말이네……. 교수님, 재미있어요! ‘아래에서야 비로소 알 수 있다’니, 중력이 있는 지구이기 때문에 이해할 수 있는 말이에요. 역시 우주는 신비로워!”

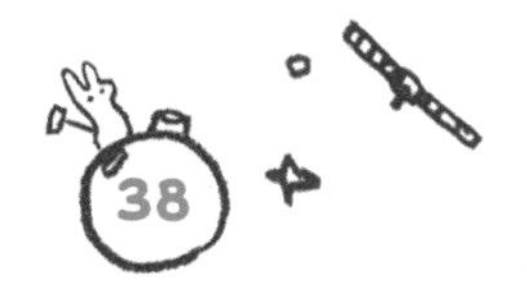

우주를 아는 것은 자신을 아는 것이다?

자신을 아는 기술

김우주 “문 앞 표찰에는 ‘재실’로 되어 있는데 왜 안 계실까. 또 비밀의 방에서 낮잠 주무시는 거 아냐? 에잇, 다시 오자.”

교수님 “기다려, 김우주.”

소리 나는 쪽으로 돌아보니 신 교수가 옷장 안에서 나왔다.

김우주 “아니, 왜 거기서 나오세요? 설마 거기에도 비밀의 방이 있어요?”

교수님 “아니야. 발소리가 나서 얼른 숨어봤어.”

김우주 “숨다니, 나쁜 짓이라도 하셨어요?”

교수님 “아니, 숨바꼭질이야, 숨바꼭질 비슷한 것. 만두를 입에 넣고 씹으려던 참이었거든."

김우주 "죄송해요, 교수님. 오늘은 농담을 들을 기분이 아니에요."

교수님 "왜, 또 무슨 일 있었어?"

김우주 "요즘, 제 자신이 너무 싫어요. 좋아할 거라고 생각해서 한 일이 여자친구를 짜증나게 만들었어요. 아르바이트를 하면서도 그 일이 생각나 집중하지 못하니까 실수를 하고, 밤에는 밤대로 이리저리 고민하다 다음 날 늦잠을 자는 바람에 수업에 늦고, 아무튼 모든 게 악순환이에요. 나 자신이 바뀌면 여자친구도 짜증내지 않을 테고 모든 문제가 해결될 텐데, 어떻게 해야 바뀔 수 있는지……. 그래서 오늘은 교수님의 솔직한 말씀을 듣고 싶어 왔어요. 저는 어떻게 바뀌어야 할까요?"

교수님 "또 상당히 어려운 상담이군. 자신이 싫어서 바뀌고 싶은데 구체적으로 어떻게 바뀌어야 할지 모르겠다는 거군. 그럼 우선, 자신이라는 존재를 정확히 이해할 필요가 있지 않을까?"

김우주 "저요? 그거야 너무 잘 알아서 지겨울 정도죠."

교수님 "그럼 '자신'이란 무얼까?"

김우주 "뭐냐고 물으셔도 자신은 자신이라고밖에 말할 수 없는 걸요."

교수님 "자네는 자신의 얼굴을 본 적 있어?"

김우주 "당연히 있죠."

교수님 "어떤 방법으로?"

김우주 "매일 외출 전에 거울로 확인하죠. 이래 봬도 몸가짐에는 나름 신경 쓴다고요."

교수님 "그런데 거울에 비친 자네 얼굴은 진정한 의미에서 자네 얼굴이라고 할 수 있을까?"

김우주 "무슨 말이에요?"

교수님 "거울에 비친 얼굴은 빛의 반사에 의한 것이라 좌우가 반대야. 따라서 다른 사람의 눈에 비친 자네의 얼굴을 자네 자신은 볼 수 없어. 거울을 보며 머리를 자르려고 해도 생각대로 되지 않는 것처럼 거기에 비친 것은 진짜 자신의 얼굴이 아니야. 여담인데, 거울을 안 보고 화장하는 여성이 있지."

김우주 "여자친구도 가끔 거울 안 보고 화장해요. 지하철에서 거울 없이 화장할 때가 있어서 하지 말라고 했다가 싸웠지만……."

교수님 "어떤 의미에서 그것은 자신의 얼굴을 알고 있기 때문에 가능한 뛰어난 재주야. 남자로서는 감탄할 정도지. 지하철에서 화장하는 것이 좋다 나쁘다 하는 문제와는 별개로."

김우주 "그럼 사진에 찍힌 얼굴은 주위 사람에게 보이는 자신, 요컨대 진짜 자신의 얼굴이라고 할 수 없나요?"

교수님 "글쎄. 나는 카메라를 좋아하지만, 최근에는 거의 볼 수 없는 필름 카메라의 사진이든 그것을 대신하는 디지털 카메라의 사진이든 아주 작은 점의 집합에 불과해. 실제로 상대를 볼 때 느낄 수 있는 피부의 질감이나 입체적인 분위기, 섬세한 색깔과 그 변화 등 본래의 모습을 100% 재현하는 것은 아무리 사진 기술이 발달했어도 현재로서는 역시 불가능해. 사진 속 자신과 진짜 자신은 비슷하지만 사실은 달라. 극단적으로 말하면 눈이 자신의 얼굴에서 튀어나와 조금 앞쪽에서 돌아보면 자신의 얼굴을 볼 수 있겠지. 그러나 그것이 가능해도 거기에 있는 것은 눈이 없는 얼굴로, 주위 사람이 보는 평소의 자신은 아냐."

김우주 "호러 영화에 나올 법한 얼굴은 솔직히 보고 싶지 않아요."

교수님 "그래서 우리는 스스로 자신을 가장 잘 알고 있다고 생각하지만 사실은 자신의 얼굴조차 본 적 없어. 그 말은, 우리 인간이 우주에 가지 않았다면 우리가 살고 있는 아름다운 지구의 모습을 볼 수 없었다는 것과 어딘가 비슷하지."

김우주 "결국 자신을 아는 것은 불가능하다고 말하고 싶으신 거죠?"

교수님 "아니, 알 수 없다는 것이 아니라 누구보다 자신을 잘 안다고 착각하기 때문에 차질이 생긴다는 거야. 자신을 알기 위한 방법은 일단 있긴 해. 자네를 둘러싼 환경과 주위 사람과의 소통을 통해 '나는 이런 인간이구나' 객관적으로 추측하면 되지. 주위 환경, 주위 인간과의 관계성으로 비로소 자신이 보이는 거야."

김우주 "주위 사람과의 관계성……."

교수님 "꼭 가까운 주변만이 아니야. 환경이라는 틀에서 가장 큰 것은 우주라고 할 수 있으니까 우주를 아는 것은 자신을 아는 것이기도 하지. 자네가 어떻게 달라지면 좋을지 단정해 말하기는 어렵지만, 자네가 생각하는 자신이 절대가 아니라는 것을 말해주고 싶어. 지금은 자네에게 연애가 최우선 사항인 것 같지만, 자네를 둘러싼 환경이나 관계성은 그 외에도 아주 많을 거야. 그런 것들에도 시선을 돌리면 의외로 고민을 해결할 실마리를 찾을 수 있을지 몰라."

인간의 수명은 누가 정할까?

생명의 공평함

소행성 “최근에 키우던 개가 무지개다리를 건넜어요. 15년 살았는데, 아내를 만나기 전부터 키워서 가족 이상의 가족이랄까, 동지 같은 존재였어요. 인간은 백세인생이라는데 개는 겨우 15년 살고 죽는다는 게 가여워서 할 수 있다면 제 목숨을 나눠주고 싶었어요. 똑같은 생물인데 너무 불공평해요.”

교수님 “그 기분, 이해합니다. 지금의 소행성 씨에게는 차갑게 들릴 수 있지만 수명은 사전에 정해져 있어요. 그것은 시계로 측정하는 길이와는 달라요.”

소행성 “신이 정한다는 식의 말씀은 하지 마세요. 저는 무신론자라

그런 식의 이야기는 별로예요."

교수님 "그런 말이 아니에요. 한 생물학자에 의하면 인간을 포함한 포유류는 어떤 형태로 태어나든 평생 심장이 뛰는 횟수는 약 20억 회로 정해져 있다고 해요."

소행성 "포유류 전부요?"

교수님 "그래요. 그러니까 20억 회 심장이 뛰어서 천명을 다했다면 완전히 살았다고 해도 되는 거죠."

소행성 "그럼 1분간 심박수가 70회라고 할 때, 하루는 24시간이니까 분으로 환산하면 60분×24=1,440분. 거기에 70을 곱하면 하루에 10만 800번 심장이 뛰는 것이 되네요. 여기에 다시 365일을 곱하면 1년에 3,679만 2,000회. 이 숫자로 20억 회를 나누면 인간의 수명이 나오는 거잖아요. 그게…… 54.359……. 뭐야? 제 나이가 42세니까 앞으로 12년밖에 못 산다는 건가요? 아니 백세시대잖아요!"

교수님 "20억 회라는 것은 생쥐, 인간, 코끼리, 모든 포유류를 일괄해서 산출한 숫자예요. 그러나 인간에게는 문명이 있죠. 의학의 발달과 식량의 효율적인 생산으로 인공적으로 수명을 연장해온 겁니다."

소행성 "그렇군요. 자신의 목숨을 나눠주고 싶다면서 이성을 잃은 모습을 보여 죄송해요. 그런데 조금 마음에 걸리는 것이 있어요. 저는 3년 전쯤부터 건강을 위해 달리기를 하고 있는데 운동을 하면 당연히 평소보다 심장 박동이 빨라지잖아요. 이건 20억 회라는 수명을 앞당기는 것이 되나요? 건강을 위해서 하는 행동이 스스로 수명을 단축하는 게 아닐까요?

교수님 "그런 일은 없으니 안심하세요. 20억 회는 어디까지나 기준치고, 평상시의 심박수를 가정합니다. 또 인간의 몸은 기계와 다르기 때문에 20억 회 심장이 뛴 시점에서 건강한 사람이 갑자기 움직이지 못하게 되는 일은 없어요."

소행성 "다행이다. 아니면 운동선수나 쉽게 긴장하는 울렁증이 있는 사람은 수명이 점점 짧아지는 거잖아요."

교수님 "하지만 심장이 뛰는 리듬은 매우 중요한 시점이에요. 앞서 인간이 1분 동안 심장이 뛰는 횟수를 70으로 가정했는데, 똑같은 포유류인 생쥐의 심박수는 어느 정도일까요?"

소행성 "어림짐작이지만 인간이 70회라면 생쥐는 200회 정도 아닐까요?"

교수님 "1초에 10회, 즉 1분에 600회 정도의 빠르기라고 해요."

소행성 "상당히 빠르네요."

교수님 "그래서 수명은 고작해야 2, 3년이에요. 그 기간에 20억 회를 뛰는 거죠. 반면에 코끼리나 고래처럼 인간보다 훨씬 큰 포유류의 심장은 느리게 뛰어서 계산상으로는 100년 가까이 살 수 있어요. 그런 점에서 체중이 많이 나갈수록 심장이 뛰는 속도는 느리다는 것을 알 수 있죠. 그런데 놀랍게도 체중이 30g인 생쥐든 10t인 고래든 g이나 kg처럼 같은 단위 체중으로 비교하면 심장이 한 번 뛰는 데 소비하는 에너지 양은 같아요(포유류에서는 심장이 한 번 뛰는데 소비하는 에너지 양은 체중에 관계없이 1kg당 0.738J이고, 일생동안 총 에너지 사용량은 15억J로 일정하다). 생명은 참으로 공평하게 되어 있어요."

소행성 "크기나 형태로 손해나 이익을 보는 것은 아니군요."

교수님 "그러니까 인간은 백세인생인데 반려견은 15년밖에 살지 못해 불쌍하다는 것은 인간의 시점에서 떠올린 발상일 뿐이에요. 물론 기분은 이해합니다. 나도 어릴 적 개를 키웠고 많이 예뻐했는데 어느 날 갑자기 전쟁에 동원되어 네 살에 죽었어요. 인간이 일으킨 전쟁에 휘말려 불행하게도 주어진 목숨을 다 살지 못한 거니까 정말 불쌍하죠. 그러나 소행성 씨의 반려견은 주위의 사랑을 받으며 15년을 살다 무지개 다리를 건넌 거예요. 인간이 보기에는 짧은 인생이었어도 개로서는 주어진 생명을 다 살았다고 할 수 있지 않을까요? 또 생물은 심장이 뛰는 것으로 시간을 느낀다면 똑같은 20억 회 만큼의 시간, 즉 자연이 준 일생의 길이를 똑같이 느낄 겁니다. 생쥐의 3년이든 코끼리의 100년이든 그들에게 있어서는 똑같이 느끼는 일생인 거죠."

소행성 "그렇군요. 저희 집 개는 노쇠해 잠자듯이 숨을 거뒀어요. 교수님의 말씀대로 20억 회 심장이 뛰어 천명을 다한 거예요. 그렇게 생각하니까 함께했던 동지로서 자랑스러워요. 아내와 딸에게도 지금 이 이야기를 해줘야겠어요. 모든 생명은 평등하다니, 우주는 우리에게 정말 멋진 선물을 주었어요."

'죽고 싶다'는 말은 '살고 싶다'는 의미?

인간의 죽음

왕별이 "고등학생 때 줄곧 학교를 가지 않았어요. 제 입으로 말하기 뭣하지만 저는 보통 사람들과 다르다고 할까, 조금 별난 부분이 있잖아요. 지금이야 이대로 괜찮다고 생각하지만 고등학생 때는 너무 힘들었어요."

교수님 "거참 기이한 만남이군. 사실 나도 초등학생 때 전쟁으로 피난을 갔는데 그곳 사투리를 잘 알아듣지 못한 데다 수줍은 성격이라 학교를 가지 않았어. 등교거부라는 말조차 없었던 시절이지. 그러니까 나는 등교거부의 원조야."

왕별이 "교수님 같은 분이 등교거부를 했다니까 왠지 마음이 놓여요. 지금이라서 말할 수 있지만 당시에는 방 안에 틀어박혀 죽음만 생각했어요. 지금도 심하게 우울해지면 '죽음'이라는 단어가 머리를 스쳐요."

교수님 "죽음에 대해 생각하는 것은 상상이란 것을 할 수 있는 인간의 특성이야. 상상이란 직접 경험하지 않았지만 이리저리 머릿속에 그려볼 수 있는 능력이지. 이건 인간의 상상에 불과한데, 개나 고양이는 자신의 죽음을 상상할 수 없을 거야. 그러나 우리가 벌레, 새, 물고기 등 어떤 생물이든 잡으려고 하면 도망치지. 그들은 잡히면 죽는다는 것을 알까?"

왕별이 "아마 아닐 거예요."

교수님 "그럼 왜 도망칠까? 잡혀서 죽고 싶지 않다, 즉 살고 싶은 생물의 본능일 거야. 인간이 죽음에 공포를 느끼는 것도 어떤 의미에서는 살고 싶다는 본능의 표현으로 볼 수 있어."

왕별이 "죽음을 경험한 적 없는데 죽음을 두려워한다니, 생각해보면 신기해요."

교수님 "맞아. 인간은 태어났을 때의 상황도 모르고, 죽는 순간도 자세히는 알 수 없어. 우리는 본능적으로 '죽음은 무섭다'고 생각하고 동시에 제삼자의 죽음을 보는 것으로 자신도 이런 식으로 죽을 거라고 상상해 공포를 느끼지."

왕별이 "죽음은 슬퍼해야 할 대상이라는 이미지가 죽음을 더욱 부정적으로 인식하게 만드는 경향이 있어요."

교수님 "그것도 일리가 있어. 그럼 이렇게 많은 사람이 두려워하는 죽음은 대체 어떤 상태일까?"

왕별이 "육체와 정신이 분리되는 것? 물론 죽으면 정신이 어디로 가는지 모르지만. 아무튼 살아 있는 것의 반대 상태가 죽음이죠."

교수님 "죽음은 살아 있는 지금의 상태와는 전혀 다른 세계로 들어가는 것이라고 할 수 있어. 그래서 남겨진 사람은 다른 세계로 가버린 사람의 죽음을 슬퍼하지. 그러나 삶의 반대는 정말 죽음일까? 시간이라는 축으로 보면 삶의 반대는 사후이고, 죽음은 삶과 사후 세계를 가르는 분기점이야. 즉 죽음은 세상에 태어난 이상 누구나 반드시 거치는 인생의 통과 지점이지."

왕별이 "고등학생 때는 죽음만 생각했다고 했는데, 상상하는 능력을 가진 인간으로서는 특별한 일은 아닌 건가요?"

교수님 "학생상담실에도 '죽고 싶다!'고 눈물을 글썽이며 호소하러 오는 학생이 가끔 있어. 그런데 나에게는 '죽고 싶다'는 말이 '살고 싶다는' 말로 들려. 사는 게 뜻대로 안 돼서 죽고 싶다면, 반대로 그건 인생이 잘 풀리면 살고 싶다는 의미의 표현이거든. 아마 정말 죽음을 생각하는 사람은 제삼자에게 죽고 싶다고 절절히 말하지 않을 거야."

왕별이 "제 경험을 돌아봐도 그런 것 같아요. 교수님의 말씀을 들으면서 생각한 건데, 우주 전체로 보면 인간은 먼지 같은 존재지만 자신 이외의 무언가가 인간을 살리는 것 같아요. 고등학생 때는 세상에 태어나고 싶어서 태어난 게 아니니 죽는 것은 내 마음이라고 생각했어요. 그런데 사실은 자신의 의지로 태어난 것이 아니니까 죽는 것도 마음대로 해선 안 되죠. 그래서 제가 이렇게 살아 있는 의미를 진지하게 생각하고 싶어요. 그건 역시 별을 보면서 생각하는 게 제일이죠."

교수님 "우리가 '죽음'을 두려워하는 것은 '삶'의 측에서만 상상하기 때문일 거야. 생각해봐. '죽음'이란 어떤 것인지 살아 있는 인간은 몰라. 모르면서 두려워한다는 게 이상하지 않아? 우리가 모르는 '죽음'은 상상으로 놔두고 거기서 '삶'을 돌아보면 어떨까? 지금 살아 있는 것은 엄연한 현실이니까 그게 중요하다고 생각해."

왕별이 "교수님……. 이 기분, 대체 뭘까요. 지금껏 산다는 건 뭘까 생각했는데 결국 직접 살아보지 않으면 그 답은 알 수 없다는 것을 깨달았어요. 왠지 기운이 나요. 신기해요……. 교수님, 감사합니다."

우주에 끝은 있다?

인류의 멸망

강산들 "교수님, 오늘은 뭐 하시는 거예요?"

교수님 "어서 와. 이건 페이퍼 커팅 아트(종이에 그려진 눈, 꽃 등의 도안을 칼로 섬세하게 잘라낸 것)야. 뭔가 생각할 때 이 작업을 하면 아주 좋아. 종이를 자르다 보면 방이 어지럽혀지는 건 별로지만. 아, 여기 방금 완성한 것이 있으니까 한번 봐."

강산들 "어머, 눈의 결정이네! 교수님, 손재주가 좋으세요. 그런데 이렇게 종이로 자른 눈은 계속 남지만 진짜 결정의 아름다움은 순식간에 사라지죠. 요전에 교수님이 나이 드는 게 싫다고 하셨잖아요. 그래서 문득 우리 인류에게도 수명이 있을까, 궁금증이 생겼어요. 공룡은 1억 6,000만 년이나 생존했는데 멸종했잖아요. 인간도 언젠가는 공룡처럼 지구에서 사라지겠죠? 저는 겁이 많아서 노스트라다무스(르네상스 시대의 예언가)나 마야력(중앙아메리카의 고대 마야 문명기에 마야족이 만들어 썼던 태양력)이 예언한 인류 멸망설이 돌 때마다 속으로 벌벌 떠는데, 실제는 어때요?"

교수님 "인류가 멸망할 가능성은 대충 네 가지야. 지구 혹은 인류의 존속에 중요한 것은 태양이지. 태양은 수소를 헬륨으로 바꾸는 것으로 타고 있는데, 정확히 표현하면 핵융합이라고 해. 그런데 점점 나이가 들면 그 균형이 깨져서 팽창하기 시작하지."

강산들 "나이가 들면 균형이 깨져 팽창한다는 게 왠지 사람의 일 같아서 웃을 수 없어요."

교수님 "그 영향으로 지상의 온도는 점점 높아지고 엄청난 오로라가 매일 밤 발생하게 되지. 그리고 100억 년 후쯤 태양은 화성의 궤도를 삼켜버릴 정도까지 팽창할 거로 예상돼. 이것이 첫 번째 가능성이야."

강산들 "인간은 더 이상 살 수 없는 건가요?"

교수님 "태양이 삼켜버리면 지구는 사라지지만, 그 즈음에는 명왕성(태양계의 9번째 행성이었으나 2006년 행성에서 제외되어 왜소행성으로 분류된다)이 현재의 지구와 거의 비슷한 정도의 태양 에너지를 받을 것으로 예측돼."

강산들 "그 말은, 명왕성이 지구와 비슷한 환경이 된다는 거군요. 인간이 명왕성으로 이주해버리는 건가요?"

교수님 "어쩌면 그런 미래가 기다리고 있을지도 모르지."

강산들 "그럼 우리는 옛 지구인인 명왕성인이 되는 건가요? 왠지 우주인 같아요!"

교수님 "우리 인간도 지구 밖에서 보면 엄연한 우주인이지. 인류 멸망의 두 번째 가능성은 혜성과 소행성이 지구와 충돌하는 천체 충돌이야. 천체 충돌은 지구 역사에 몇 차례 큰 영향을 주었어. 가령 생명 탄생에 반드시 필요한 물이 지구에 생긴 것은 물을 대량으로 포함한 혜성이 충돌했기 때문이라고 해. 공룡이 멸종한 것도 운석 낙하로 일어난 환경 변화가 원인으로 추정되고, 포유류가 어미 자궁에서 태아를 성숙시켜 출산하게 된 것도 천체 충돌이 계기라고 하지."

강산들 "천체 충돌이 왜요?"

교수님 "천체 충돌로 일어난 지구의 산소 부족 상태에 대처한 결과지. 포유류는 저산소 상태를 극복하려고 복식호흡을 발달시켰고, 난생에서 태생으로 진화했어. 태반에서 산소가 풍부한 어미의 혈액을 태아에게 공급해 대기의 산소 부족을 극복하려 한 거지. 혹시 〈딥 임팩트〉(혜성과 충돌을 앞둔 지구에서 벌어지는 이야기를 담은 영화)라는 영화, 알아?"

강산들 "알아요! 그것도 혜성이 지구에 충돌할 거라며 패닉에 빠지는 이야기잖아요."

교수님 "현실에서 일어날 수 있는 이런 주제로 많은 사람이 보고 즐길 수 있는 영화를 만든 할리우드의 역량에 감동했어.

강산들 "당연히 영화 속 이야기라고 생각했어요."

교수님 "인류 멸망의 세 번째 가능성은 초신성 폭발에 의한 방사선이야. 별의 최후인 대폭발. 겨울 밤하늘을 꾸미는 오리온자리는 잘 알 거야. 사각형 안에 세 개의 별이 있는 별자리. 그 왼쪽 위의 베텔게우스는 붉고 큰 별이지. 언제 폭발해도 이상하지 않은 별인데, 폭발하면 엄청난 양의 방사선 비가 내려. 하지만 베텔게우스의 경우는 자전축이 지구 방향과 어긋나 있어서 지구에는 쏟아지지 않을 거야. 그런 초신성 폭발이 태양계 가까이서 일어나면 인류는 멸망하겠지. 이것이 세 번째 가능성이야. 그리고 인류 멸망의 네 번째 가능성은 핵전쟁이나 환경오염으로 인간 스스로 자신들의 목을 졸라 멸망으로 가는 경우인데, 그 가능성도 전혀 없진 않아."

강산들 "그건 최악의 경우네요."

교수님 "인간은 사랑, 복수, 증오 등의 이름 하에 목숨을 걸고 싸우는 기묘한 생물이야. 인간이 싸우는 것은 혼자서는 살 수 없고 공동체를 만들어 살기 때문이지. 하지만 만일 자네가 지구 밖에 사는 우주인이라면 지구상에서 펼쳐지는 싸움이 어떻게 보일까?"

강산들 "글쎄요. 제가 우주인이라면 이렇게 작은 행성에 사는 인간끼리 왜 서로 헐뜯고 싸울까 이상하게 생각하겠죠. 저희 동네에 옆에서 보면 정말 별것 아닌 일로 싸우는 부부가 있는데, 그 부부에게 느끼는 인상과 비슷할 것 같아요. 저렇게 싸워야 하나? 가족인데 사이좋게 지내야 하잖아! 하고요."

교수님 "지구라는 규모로 가족을 확대시키면 전쟁은 사라질 수 있을지도 모르지. 미야자와 겐지(시인, 동화작가)는 그의 저서 《농민예술개론강요(農民藝術槪論綱要)》(미야자와 겐지가 설립한 사숙에서 강의용으로 집필한 문장. 겐지가 남긴 흔하지 않은 예술론으로 알려져 있다)에서 '세계 전체가 행복해지기 전까지 개인의 행복은 있을 수 없다, 자아의 의식은 개인에서 집단사회 우주로 점차 진화한다…… 새로운 시대는 세계가 하나의 의식이 되고 생물이 되는 데 있다'고 했어."

강산들 "고등학생 때 들었던 것 같아요. 인간의 싸움도 우주인이 보면 분명 사랑싸움과 비슷한 수준일 거예요. 그런데 그 자리가 즐거우면 그만이라고 생각하는 저 같은 사람이 교수님과 우주인 이야기를 하고 세계평화에 대해 대화하는 건 꿈에도 생각하지 못했어요. 사람은 정말 달라질 수 있나 봐요. 살짝 감동했어요."

'지금부터'가 '지금까지'를 결정한다?

과거·현재·미래

이태양 "교수님, 교수님, 제 말 좀 들어보세요!"

왕별이 "이태양. 오랜만이야."

이태양 "전에 여기서 봤던, 이름이……."

왕별이 "왕별이예요."

이태양 "맞아요, 왕별이. 오랜만이에요. 들어가도 될까요?"

왕별이 "물론이죠. 교수님과 가벼운 이야기를 나누고 있었어요."

교수님 "나한테 하고 싶은 말이 있나?"

이태양 "네, 사실은 일반교양으로 신청했던 물리 수업, 무사히 학점을 받았어요."

교수님 “그거 잘됐군.”

왕별이 “축하해요, 이태양 학생.”

이태양 “F학점일 줄 알았는데, 교수님 덕분이에요, 감사합니다!”

교수님 “그렇게 말해주니 기분 좋은걸.”

김우주 “안녕하세요.”

교수님 “어서 와, 김우주.”

김우주 “앗, 죄송합니다, 나중에 다시 올게요.”

교수님 “괜찮아, 들어와. 가끔은 여럿이 모여 수다 떠는 것도 좋아. 이쪽은 교양학부 3학년 왕별이, 문학부 1학년 이태양.”

김우주 “안녕하세요, 법학부 2학년 김우주입니다.”

이태양 “이쪽으로 와서 앉아요. 김우주도 교수님께 자주 오나 봐요?”

김우주 “네, 가끔.”

이태양 “우리도 여기서 자주 교수님께 우주 이야기를 들어요.”

이태양 “교수님 덕분에 자신 없었던 물리 수업도 무사히 학점을 딸 수 있었어요!”

왕별이 “저는 우주 이야기보다는 주로 연애 상담을 하는데…….”

이태양 “교수님, 연애 상담도 하세요? 처음 듣는 말인데.”

교수님 “어떤 상담에든 응하는 것이 학생상담실의 설립 이념이니까.”

이태양 "그럼 나도 다음에는 연애 상담을 해볼까?"

김우주 "에이, 한발 늦었네. 나도 해보고 싶어요!"

왕별이 "교수님의 연애 강좌는 정말 추천해요. 물리학적 연애론이거든요!"

이태양 "와, 그것도 처음 들어요!"

김우주 "교수님, 정말 대단하시다!"

교수님 "김우주, 그런 식으로 압박을 주니 부담스러운 걸……."

소행성 "오늘은 꽤 시끌벅적하네요."

왕별이 "안녕하세요."

소행성 "왕별이도 있었네요. 오랜만이에요."

김우주 "안녕하세요. 법학부 2학년 김우주입니다. 어느 과 교수님이세요?"

소행성 "저요? 저는 교수가 아니라 여러분과 같은 학생이에요. 이름은 소행성입니다."

김우주 "와, 대체 몇 번을 유급한 거예요?"

소행성 "하하, 다행히 유급은 안 했고, 사회인 학생이라서 직장에 다니며 올 봄부터 공부하고 있어요."

왕별이 "우리 대학에도 사회인 학생이 있다고 듣긴 했는데 처음 봤어요."

김우주 "있다는 걸 아는데 처음 봤다니, 왠지 우주인 같아요!"

왕별이 "김우주, 정말 못 말려. 그런데 소행성 씨는 왜 직장에 다니면서 공부하게 되셨어요? 교수님은 아세요?"

김우주 "그러고 보니 그건 나도 들은 적 없는 걸."

소행성 "특별할 것 없는 아저씨의 이야기지만 괜찮다면 말하죠. 여러분, IMF라는 말 들어본 적 있어요?"

김우주 "역사 속의 일이라 당연히 알죠."

왕별이 "네, 저도 알아요."

이태양 "나는 잘 모르는데."

소행성 "역시 여러분은 젊네요. 1997년에 일어난 경제 위기 사태를 말해요. 내가 대학생 시절에 경험한 일인데 졸업 후 취업이 어려워지면서 하고 싶은 일도 딱히 없고, 아무튼 받아주는 곳이 있다면 어디든 괜찮다는 생각에 취직했던 터라 일에서 보람을 찾을 수 없었어요. 그러던 중 결혼해 아이도 낳고, 생활에 불만은 없지만 어느 날 남자로서 이렇다 할 승부를 한 적 없이 막연히 살아온 인생에 허탈감을 느꼈죠. 하지만 가족이 있는 상황에서 새삼스럽게 자신의 기분만으로 회사를 그만둘 수는 없잖아요. 그래서 한동안 고민했는데, 놀기만 했던 학생 시절이 후회가 돼서 다시 공부하려고 이곳에 온 거예요."

교수님 "그런 이유가 있었군요. 배움에 나이는 상관없어요. 훌륭한 결단이에요. 절대 새삼스러운 일이 아니라 지금부터가 중요합니다."

소행성 "교수님이 그렇게 말씀해주시니 안심돼요. 대학 동창에게 다시 공부하겠다고 했더니 '그렇게 공부 안 하던 네가 왜?' 하고 자기 귀를 의심하더라고요."

교수님 "과거는 과거일 뿐이지만 과거의 일들이 하나하나 쌓여서 현재의 우리가 만들어지는 거예요. 그럼 흘러간 시간은 대체 어디로 갔을까, 이태양?"

이태양 "앗, 갑자기 불렀다! 과거가 어디로 갔냐고 물으셔도 그게……."

교수님 "소행성 씨는 어떻게 생각하나요?"

소행성 "어디로 갔을지, 대답하기 어렵네요. 먼 기억 저편일까요?"

교수님 "지금 말한 대로 과거는 기억으로 남아 있어요. 가령 소행성 씨가 초등학생 때 친구들과 놀이에 빠져 있었다, 이태양은 물리에 약했다 하는 기억으로. 그러나 기억은 여러분이 경험한 과거 그 자체와는 달라요. '지금'이라는 시점에서 기억으로 남아 있는 거죠. 완벽하게 고정된 기억은 있을 수 없고, 과거는 얼마든지 자신의 형편에 맞게 고쳐 만들거나 각색할 수 있어요. '그런데도'라고 해야 할까 '그렇기 때문에'라고 해야 할까, 우리 인간은 그 시간은 돌아오지 않는다고 아쉬워하고, 이랬으면 좋았을 걸, 후회하며 실체가 없는 과거에 얽매이죠."

소행성 "나이 들수록 보기 흉할 만큼 과거에 얽매이는 것 같아서 교수님의 지적이 듣기 괴롭네요."

교수님 "실체가 없는 과거에 얽매이기보다는 앞으로 어떻게 살아야 할지 고민하는 것이 건설적이지 않을까요? 미래는 현재가 결정하는 것이고, 현재는 과거라는 시간의 결과죠. 만일 여러분이 앞으로 큰 죄를 짓는다면 여러분의 미래뿐만 아니라 성실히 쌓아온 과거도 부정당하게 됩니다. 따라서 한마디로, 미래가 과거를 결정한다고 할 수 있어요. 쉽게 말하면 '지금부터가 지금까지를 결정한다'고 할 수 있죠."

강산들 "교수님, 안녕하셨어요?"

김우주 "어, 강산들, 여길 어떻게 알아? 혹시 나 따라왔어?"

강산들 "다른 사람이 듣기에 좋지 않은 말 하지 마. 우주야말로 왜 여기 있어?"

교수님 "강산들하고 김우주, 서로 아는 사이였다니, 우연이네."

김우주 "아는 사이랄까……, 강산들이 바로 그 문제의 여자친구예요."

교수님 "세상에! 우주는 넓은데 세상은 정말 좁군!"

강산들 "잠깐, 지금 문제의 여자친구라고 했어? 설마 교수님한테 내

험담한 건 아니지?"

김우주 "그럴 리가!"

교수님 "강산들, 진정해. 김우주 말대로 험담은 하지 않았어. 김우주의 여자친구가 얼마나 멋진 사람인지 자주 전해 들었지."

강산들 "정말요? 살짝 의심스러운데. 여자의 감을 얕잡아보면 큰코다쳐요."

교수님 "그건 그렇고, 마침 지금 과거와 미래의 이야기를 하고 있었어. 강산들도 와서 앉아."

강산들 "네. 여기 앉을 거니까 김우주, 조금만 옆으로 갈래?"

교수님 "그럼 다시 집중해서. 미래가 과거를 결정한다는 이야기를 했는데, 확률적으로 과거보다 미래를 더 알 수 있다고 하면 여러분은 어떻게 생각할까?"

왕별이 "지나간 일보다 앞으로의 일을 알 수 있다고요?"

김우주 "맞아, 왕별이. 그런데 소행성 씨, 혹시 슬롯머신 해본 적 있나요?"

소행성 "최근에는 거의 안 하는 데 학생 시절이랑 결혼 전에는 가끔 했어요."

교수님 "가령, 슬롯머신 기계의 가운데쯤 있는 못에 구슬이 왔다고 합시다. 이 구슬이 어떤 경로를 거쳐 그 위치에 왔는지는 알 수 없어요. 여러 길이 있으니까. 하지만 그 구슬이 다음에 어디로 갈지는 예상이 가죠? 왼쪽 아니면 오른쪽이겠죠. 과거보다 가까운 미래를 어느 정도 예측하는 것이 쉬워요. 슬롯머신의 구슬을 인간으로 바꿔 생각해도 마찬가지예요. 여러분이 이 대학의 학생상담실에 오기 위해 어떤 교통수단을 사용했고 어떤 길로 왔는지는 몰라요. 그러나 지금 이곳에 앉아 있고 이야기가 끝나면 저쪽 문으로 나갈 것은 확실하죠. 이 창문을 넘어서 나가는 학생은 없을 겁니다. 가까운 미래를 예측하는 것은 간단해요."

김우주 "맞는 말이에요. 저는 교수님처럼 베란다로 드나들지는 않을 테니까. 그렇죠, 별이 선배?"

왕별이 "그러고 보니 그런 일도 있었네. 교수님이 베란다에서 등장했을 때 정말 놀랐어요."

김우주 "교수님이 그런 괴이한 행동도 했어요?"

왕별이 "교수님은, 비밀의 방에 들어갈 가능성도 있다고."

교수님 "김우주, 조용히 해."

김우주 "방금, 비밀의 방이라고 했어? 뭐야, 나도 가르쳐줘요!"

교수님 "그건 다음 기회에 하기로 하세. 우리는 과거는 잘 알고 미래는 모른다고 느끼는데 미래도 냉정히 생각하면 어느 정도 알 수 있어. 게다가 우리는 미래를 바꿀 자유를 지금 갖고 있고, 미래를 바꾸면 과거도 바꿀 수 있지. 적어도 과거의 가치

관을 바꾸는 것은 가능해."

소행성 "공부하기 싫어했던 내가 다시 학생이 되어 주체적으로 공부하니까 재미를 느끼게 됐어요. 이렇게 '지금이 바뀌니 과거도 바뀐다'는 거군요."

이태양 "저도 어려워했던 물리를 잘하지는 않아도 좋아하게 됐어요!"

강산들 "저는 외모의 아름다움뿐만 아니라 내면의 아름다움도 중요하다는 것을 깨달았어요."

김우주 "나는 상대의 입장에서 생각하는 것의 중요성을 알았어요."

왕별이 "저는 교수님 덕분에 지금의 자신을 사랑하게 됐어요."

교수님 "과거에 연연해하는 것은 의미가 없어. 지금을 사는 것, 그리고 미래를 생각하는 것이 중요해."

★ 에필로그 ★

인생이란 신기하다. 50년 넘게 연구 생활을 하면서 논문, 에세이를 포함해 많은 글을 썼지만 이런 책을 출판하게 될 줄은 꿈에도 생각하지 못했다.

모든 것은 2012년 가을, 어느 만남에서 시작되었다. 젊은 예술가들이 모여 작품 활동을 하며 그들의 새로운 예술을 세계로 나아갈 수 있도록 돕는 모임이 있었다. 지금은 폐교가 된 한 중학교에서 강연회를 열었는데, 그때 그 곳에서 두 명의 여성 편집자들을 만났다. 사실 그 계기를 만든 중심인물은 베테랑 프로듀서 사쿠라이 유이치 씨와 치바 노부히로 아시다. 그들은 많은 TV 프로그램과 이벤트를 계획한 베테랑 프로듀서다. 전국에서 열린 나의 강연과 수업에 참석하면서 자신도 미처 알지 못한 나의 일면을 끌어내어 젊은 독자들이 읽을 수 있는 책을 만들자는 의도에서 편집자를 보낸 것이다.

이 책은 학생들이 우주 연구를 생업으로 해온 필자를 찾아와 질문도 하고 고민도 상담하는데, 그것들을 우주 연구 입장에서 쉽게 풀어가는 독특한 방식이다. 내용의 원형은 두 편집자가 던진 질문의 답으로, 그 예리함에 쩔쩔맨 적도 있었다.

책 속에서 나의 위치는 대학의 학생상담실장인데, 실제로 나이를 먹으며 쌓은 경험 덕에 학생상담실장을 맡은 적도 있었다. 천체관측실로 통하는 연구실과 피아노, 파이프오르간을 칠 수 있는 방을 가진 적도 있고, 문 앞 표찰에 '행방 모름'으로 표시한 적도 있다. 그런 나의 과거와 신변에 관한 정보를 수집하고 분석을 거듭한 후 약간의 픽션을 더해 자연스럽게 이야기를 만들어낸 두 편집자의 기량에 감동했다. 이 책을 통해 독자 여러분이 나의 방에 와서 조금이라도 편한 시간을 공유하면 좋겠다.

세상의 모든 답은 우주에 있다

초판 1쇄 발행 2022년 4월 27일
초판 2쇄 발행 2023년 5월 25일

지은이 | 사지 하루오
기획 · 옮김 | 홍성민
감수 | 전국과학교사모임
펴낸이 | 김현숙 김현정
디자인 | 디자인 봄바람
펴낸곳 | 공명
출판등록 | 2011년 10월 4일 제25100-2012-000039호
주소 | 03925 서울시 마포구 월드컵북로 402. KGIT센터 9층 925A호
전화 | 02-3153-1378 | 팩스 02-6007-9858
이메일 | gongmyoung@hanmail.net
블로그 | http://blog.naver.com/gongmyoung1
ISBN | 978-89-97870-60-8(43440)

• 책값은 뒤표지에 있습니다.